古建筑数字化测绘及三维展现技术实例

温佩芝 吴晓军 著

U0340233

中国建筑工业出版社

图书在版编目（CIP）数据

古建筑数字化测绘及三维展现技术实例 / 温佩芝，吴晓军　著.

北京：中国建筑工业出版社，2017.5

ISBN 978-7-112-20756-5

I.①古… II.①温… ②吴… III.①数字技术-应用-古建筑-建筑测
量 IV.①TU198-39

中国版本图书馆CIP数据核字（2017）第107972号

　　基于图像的建筑测绘方法具有测量精度高、现场操作简单、效率高的特点，通过计算机智能图像处理和计算，快速获取古建筑空间几何数据和表面纹理信息，并可实现古建筑三维数字化建模及三维展现。本书给出的古建筑数字化测绘及三维展现技术实例，均为作者研究团队利用数码相机对建筑进行实地现场拍摄图像和计算机智能运算完成的。

　　本书展示了基于图像的古建筑非接触测量及三维展现技术的应用，介绍了利用数字图像技术进行建筑测绘和三维数字化建模及展现的优势，可为文物部门进行古建筑测绘、考古、修缮、特色历史文化研究等专业人士提供有效的帮助，还可为建筑设计、老旧小区改造、规划设计、园林景观等人员提供技术支持。

　　责任编辑：张礼庆
　　责任校对：王烨

古建筑数字化测绘及三维展现技术实例

温佩芝　吴晓军　著

*

中国建筑工业出版社出版、发行（北京海淀三里河路9号）

各地新华书店、建筑书店经销

桂林大容文化科技有限公司制版

北京云浩印刷有限责任公司印刷

*

开本：787×1092毫米　1/12　印张：$13^2/_3$　字数：251千字

2017年9月第一版　　2017年9月第一次印刷

定价：198.00元

ISBN 978-7-112-20756-5

　　　（30425）

编 辑 委 员 会

序 言

古建筑是人类先辈们几千年来生产生活智慧的结晶，它不仅有遮风挡雨的实用功能，且随着时代的更迭、社会的进步，其形态造型越来越丰富、美观和人性化，居住在里面是一种身心享受。随着人类文明的进步，建筑逐步由实用功能上升到观赏功能。我国民族众多，形成了异彩纷呈的建筑特色，组成的建筑大观是中华民族的传统瑰宝。

但是，随着岁月的变迁，建筑不断受到大自然的侵蚀，加之又缺乏修缮及人为破坏，我国很多古建筑遭受到不同程度的损毁。因此，对现存的古建筑及时进行抢救性的全面清查并完整、准确测绘其体量、形态特色、建筑结构、用料及建筑方式等，获取详细数据信息已刻不容缓。由温佩芝教授和吴晓军博士带领的科研团队，经过多年的艰苦探索，终于研究出基于图像的古建筑数字化测绘技术，经桂林市住房和城乡建设委员会、文物局多次实践应用，解决了古建筑在测绘中难度大、耗时长、成本高、易损毁、误差大等难题，填补了国内古建筑数字图像测绘的空白，获得国家发明专利。

古建筑数字图像测绘方法是根据数字成像的原理，采用计算机智能推算测量出古建筑的三维空间数据信息。它有以下特点：

一是测绘效率高。对同一栋古建筑进行测绘，采用数字图像测绘技术所耗费的时间不到传统人工测绘时间的十分之一，是激光测绘时间的三分之一，而且可以测绘出从建筑立面、空间结构，到建筑构件细节的全部物理尺寸。

二是测绘误差小。用传统的人工测绘方式，对一栋1000平方米的古建筑进行测绘、出图，其内部误差1~2厘米、外部墙体相差5厘米是很正常的事。采用数字图像测绘技术，无论是内部还是外部，其误差不会超过0.5毫米。

三是测绘成本低。用传统人工测绘方式对一栋1000平方米、高16米的古建筑进行测绘，现场需要用大量的竹、木、板材搭架子，安装电灯等，需要花费大量的人力、物力、财力和时间。而数字图像测量技术，只需两个人，一台数码相机，一块标定板，几十分钟即可完成现场数据采集，后期通过计算机进行智能运算，获取所需的全部数据信息，其成本远远低于传统测绘方法。

四是测绘过程不受天气的影响。传统的古建筑测绘，遇下雨、刮大风、天气太热、太冷都不能进行，测绘工作受气候影响大。若采用数字图像测绘技术，几乎不受天气的影响，白天采集数据，晚上利用计算机处理，可以全天候工作。

五是测绘不会对古建筑文物造成任何损伤。以往在进行人工古建筑测绘时，往往需要上下来回多次，一项完整的测绘工作下来，无论工作人员多么小心，总会不同程度地对古建筑造成一些损伤，尤其是一些精细的挑檐、彩绘、檐口等，损伤是很常见的。而采用数字图像测绘技术，测绘工作全程均与建筑物非接触，这种损伤就不存在了。

　　六是为古建筑的修复工作提供复原的效果资料。在古建筑物中，有很多是年久失修、残存的建筑特色风貌，与其本来的面貌之间存在较大差异，若要复原，实际上的修旧如旧都是一个大概，真正意义上的复原是很难做到的。若采用数字图像测绘技术，不仅能获取几何尺寸，还能捕捉到古建筑表面上残留的局部纹理信息，进行古建筑原始风貌的数字化复原，可以给出该古建筑的原始风貌效果图及体量用材用料的准确施工图。

　　目前，该项技术成果已先后在广西、湖南、江西、安徽等地进行了部分建筑立面及构件的测绘，实践证明是很有效的，希望此项技术能很快在全国乃至全世界推广运用，为人类在古建筑物、构筑物的测绘、修复、保护事业发挥积极作用。

原桂林市建设与规划委员会主任

桂林电子科技大学副校长

广西书法家协会副主席

桂林市书法家协会主席

10/10 - 2016.

目 录

第 3 章 名人故居

第 4 章 特色民建

第 5 章 特色建筑

第 6 章 古牌坊及王陵

附 录 古村落三维全景展示

第1章 绪论

1.1 古建筑测量的意义

建筑是人类文明的集大成者，世界各地不同的建筑风格直接反映了一个民族的特色、地域特点、生产力水平高低和文明发达的程度。不同时期的建筑代表了当时的社会发展、经济繁荣和文化背景，是反映和研究历史文化真实可靠的实物资源，也是现代建筑设计以及艺术创作的启发根源。作为世界文明古国，中华民族的先辈们用智慧和勤劳为我们留下大量宝贵的古建筑，它不仅是遮风挡雨的住所，更是我国各族人民伟大智慧和高超技能的结晶，蕴含着深厚的民族特色文化，具有非常高的历史价值、文化价值以及科研价值。如今，很多古建筑被列为名胜古迹，成为重要的文化旅游资源。

众所周知，建筑一旦落成就会承受来自各方面因素的侵蚀和破坏。自然环境中长期的风吹日晒、雪霜雨淋、雷电冰雹等，会对建筑的外表面产生腐蚀和氧化，导致表面破损脱落；地震、泥石流等地质灾害还会严重损坏房屋结构。人类的社会活动也是导致古建筑消失的主要原因之一。其中，战争毁坏了无数的文明，例如被誉为"一切造园艺术的典范"和"万园之园"的圆明园惨遭侵略者焚毁，再者，各种火灾会对古建筑造成毁灭性的破坏。随着经济的快速发展，现代工业污染导致的酸雨加快了古建筑的腐蚀，城市化进程中进行的旧城改造也损毁了大量的古建筑。此外，昔日相对偏远闭塞的民族区域也面临着全球化浪潮的冲击，很多代表少数民族文化的特色古建筑因人口迁徙而荒废，这些古建筑多为木质结构，防火能力极弱，易损毁而难再生。近年来，古建筑蕴含的文化内涵越来越受到人们的青睐，有些地方政府为推动文化旅游过度开发也会造成古建筑的破坏。

新中国成立以来，各级文物部门对文物古迹进行了多次普查和调查，摸清了现存文物古迹的基本数据[1]，为文物的保护奠定了基础。但是，如果缺乏有效的保护方法和手段，古建筑受到的各种破坏仍会吞没其所承载的历史记忆、风土人情以及文化信息。国家相关部门统计的文物普查相关数据表明，三十年中，不可移动文物消失的数量超过四万多处，其中被毁坏的各类古建筑和古民居合计超过一半以上[2]。5•12汶川地震时，大量的藏羌民居被破坏，由于在地震前中国建筑设计研究院做了大量实地考察和测量，总结和保存了藏羌民居的相关特色和文化蕴藏，在地震后的重建工作中将这些宝贵的文化信息充分还原到建筑上，才使得藏羌民居得到很好的恢复。近十年，古城、古镇的火灾及自然灾害导致大批的古建筑彻底消失，如果不能对我国的古建筑进行全面普查和记录，将重要的文化精髓保存下来，一旦古建筑被破坏或消失，将有大量民族文化随之消失。古建筑是不可再生的历史文化资源，当前全国被纳入保护范围的古建筑群落近三十万处，虽然政府加大了保护的力度，有效降低了古建筑受到人为损坏的因素，但却无法避免自然灾害对古建筑的破坏。有史以来，对古建筑结构和尺寸的测量是保护和传承古建筑艺术和工艺最基本而有效的手段和方法。因此，如何准确测量及有效获取古建筑物理尺寸的方法成为古建筑保护研究的重要内容。

目前我国在古建筑和古民居测绘、保护和修复方面的任务非常繁重，依靠传统的测绘方法难以完全解决问题。因此，必须采用高科技的方法加强对古建筑进行抢救性全方位的数字化信息采集和记录，才有可能让我国的众多的建筑工艺、民族历史文化及艺术得以完整保存并世代传承下去。

随着科学技术尤其是信息技术的不断进步和飞速发展，在国家"十二五"规划和"十三五"规划中，将文化和科技深度融合作为文化创新工程的重要内容。如今，文化遗产三维数字化已成为国内外历史文化遗产保护和发展的新方向和必然趋势。利用多种高新技术集成创新并应用于我国几千年来丰富文化遗产的保护、传承和开发，加强对中华文明发展历程中留下的文物古迹和素材资源，进行数字化信息采集、提炼和梳理，建设各类文化遗产资源数据库、素材库、信息库，通过互联网实现文化资源的共享和传承。具体落实到古建筑维护、修复和重建时，首先必须及时对古建筑进行全方位数字化信息采集和保护性测量，精确获取古建筑的三维空间尺寸、建筑材质构成和表面颜色纹理信息，重建古建筑及其配件的三维数字化模型，建立相应的古建筑数字化信息档案数据库。总之，采用高科技手段和数字化方法可以大大提高古建筑测量的速度和精度，帮助专业的建筑设计人员快速实现古建筑的精确测绘，为损坏的特色古建筑进行恢复、再现和重建提供技术支持，不仅可以保护我国古代人民在建筑、工程与文化艺术方面的成就，同时对民族文化传承、历史考证、建筑设计借鉴以及建筑文化与艺术的保护传承、旅游文化资源的开发利用等具有重要的意义。

1.2 古建筑测量方法概述

测量在人类的生产、生活以及科研活动中起着关键作用，从一维长度、二维平面发展到三维空间，从静止物体到高速移动目标，从宏观结构到微观细节。随着人类认知的提高，测量需求越来越多，测量过程也更加复杂，对传统测量方式提出了巨大的挑战。目前测量的主要方法有大地测量方法、GPS 测量方法、激光扫描测量方法、图像测量方法等[3]。

（1）大地测量方法

大地测量方法是最基本的测量方法，是用常规的测量仪器测量边长、高差、方向、角度等方法的统称，包括各种交会法、极坐标法、网差法以及几何水准法等。大地测量方法的外业工作量大，工作效率低，但是由于这种测量方法比较直观，依然比较常用。

（2）GPS 测量方法

近年来，GPS 技术已经被广泛应用到各类工程测量中。GPS 测量方法可以精确到毫米级别，测量精度较高。测量时只需把 GPS 装置放到测量点上，测量过程不受视觉条件的影响，缺点是需要在测量点上放置 GPS 天线，要求测量点上方开阔，没有电磁干扰，保证 GPS 信号正常接收。

（3）激光扫描测量方法

激光扫描测量是对激光测距原理的扩展，能获取被测物体的大面积点云数据，通过点云数据获取被测物体的外观数据。采用激光扫描测量的方式不需要接触被测物体，使用方便，精度较高，但不能对指定点和结构进行描述，无法反映纹理信息，信息量不足，不利于计算机对数据的后续分析，另外，激光扫描仪的成本较高。

（4）图像测量方法

图像测量方法是指通过数码相机拍摄被测物体的图像，获取被测物体的空间信息。图像测量方法同样是非接触式测量，对被测目标无损坏。图像测量方法的外业工作工程量小，获取的信息丰富，并且信息的选择和分析过程可以在后期利用计算机辅助技术处理完成，缺点是要求被测部分与相机之间不存在遮挡。克服了手工接触测量现场工作危险、难度大、效率低下、可能对建筑造成损害的诸多缺陷；克服了激光测距仪、全站仪等设备现场测绘工程量大、只能测量墙面轮廓尺寸而无法获取特征配件纹理图案细节尺寸的缺陷；避免了三维激光扫描仪现场需携带大量设备、需要专业操作、硬件成本高的诸多局限。

总而言之，目前我国古建筑测量方法大多还停滞在比较传统的手工测量阶段，面对当前需要进行保护性测量的大量古建筑以及数字化博物馆建设的需求，传统的测量技术需要较高的专业建筑知识，大大降低了古建筑测量的效率，而且接触式的手工测量还有可能对古建筑造成一定的损坏，已经跟不上时代的需求。目前，国际上用于古建筑测量的先进工具主要有：全站仪、三维激光扫描仪等精密的软硬件设备，这些方法是通过专业测量设备发出的激光束反馈直接获取物体的空间信息，精度高，数据大，但是由于仪器设备本身价格昂贵，便携性差，对工作环境要求高，需要专业工程技术人员进行操作，获得的数据后期处理难度大，使用成本高等原因，使得此类技术及设备难以得得普及和应用。随着摄影和数字化技术的发展，采用计算机图像处理获取建筑测量数据的方式受到越来越多的重视。研究将摄影测量技术应用于古建筑测绘，不仅适用范围广泛，而且经济可靠[4]。

1.3 基于图像的古建筑测量技术

基于数字图像的建筑测量技术，首先采用数码相机非接触远距离采集古建筑多角度的图像数据，然后利用先进的图像处理算法和计算机智能运算，自动实现特色建筑空间立面和配件尺寸的测量，可以精确计算出建筑物的长度、高度、倾斜度等关键部位的尺寸参数，甚至是各种部件和配件的弯曲度等细节信息，形成具有真实物理尺寸和建筑配件特征的数字化建筑元素，最后转化为 CAD 软件环境下可编辑的二维 DWG 图形文件，为专业的建筑设计人员提供精确的基础数据，快速实现各类建筑立面及配件测绘图的绘制和生成，有利于自然灾害或人类活动损坏的古建筑修复或重建。

本书中介绍和采用的基于数字图像的多视图立体视觉和摄影测量方法，能够简单、快速地获取古建筑全面的物理数据，与传统的测量技术相比，其优势主要体现在以下几个方面：

（1）数据获取方式灵活。获取图像的方式主要有不同角度的地面拍摄和航空拍摄两种方式。航空拍摄一般用于获取大型建筑的外观图像，建筑立面及测绘只需普通的数码相机在地面拍摄就可以实现数据采集，对拍摄环境无特殊要求。

（2）测量精度较高。数据信息能够完整保存，随着传感技术、光学成像技术以及数字存储技术的日趋成熟，我们获取的图像质量越来越高，精度远远超过了传统测量工具。通过图像获取的信息更丰富，易于保存，方便计算机对数据进一步挖掘和利用。

（3）工作量小、效率高。与人工测量的方式不同，图像测量技术只需要获取建筑不同角度的图像。采集到的图像经过计算机处理就可获取相关测量数据，方便快捷，节省了劳动成本，提高了工作效率。

（4）现场测量简单方便。建筑物长期经受雨雪风霜等自然条件风化、氧化、腐蚀，表面容易脱落，如果采用人工接触式测量的方式，不能保证测量人员的安全，并且容易损坏建筑物。而基于图像的建筑测量是一种远距离非接触式测量方法，而且无需辅助设备和电源。测量方式简单安全，不会对建筑物及周围环境产生破坏，绿色环保。

利用数字图像技术，还可以重建和再现古建筑的三维数字化模型，建立相关数据库，为古建筑历史文化遗产的保护和传承、虚拟现实的展示提供翔实的依据，并通过互联网实现古建筑设计、工艺及文化资源的共享，能较好地解决文化遗产保护和文化资源开发利用的突出矛盾问题。

1.4 古建筑数字化保护和传承

实际上，古建筑中包含有大量典型配件或装饰图案[5]，例如具有鲜明民族特色和文化内涵的檐口、翘脚、马头墙、屋檐、柱头、盖瓦、台基、墙体、屋顶、门楼、斗棋、枋、栏杆等，大多数位于建筑物的顶部或较高的位置，采用传统的测量方法尤为困难。在不接触、不损害建筑文物的前提下准确获取建筑特色配件的图案和物理尺寸，是解决建筑文化遗产保护和利用的重大课题。本书中采用的基于图像的古建筑数字化测绘技术，现场只需利用数码相机在自然条件下拍摄古建筑各角度的图像，受环境因素影响小，对现场拍摄人员专业知识要求低，数据采集设备简单，工作难度低，操作简单方便；后期通过计算机智能图像处理软件运算来完成古建筑尺寸数据的计算和测绘工作，可以精确获取特色建筑立面及特征配件的尺寸数据，准确再现古建筑三维结构、立面及配件丰富的纹理细节等数字化信息，为专业的建筑设计师提供古建筑的基础数据，具有效率高、精度高、成本低等优点。拍摄时结合 GPS 定位技术，可以自动记录古建筑的地理位置，然后根据古建筑的分级、分类，建立古建筑立面及配件数字化信息数据库，通过互联网进行三维数字化展示、文化交流和信息共享，供全国各级各类图书馆、博物馆或历史文化研究、建筑设计等单位，进行历史文化收藏、建筑工艺研究、建筑设计的研究和教学等使用。

本技术与传统的建筑测量方法相比，属于远距离非接触的测量方式，对古建筑文物保护方面具有明显的优势。利用图像三维重建技术，还可以进一步对古建筑的特色配件进行三维数字化建模，通过 3D 打印机或数控雕刻机进行快速复制和再现，既能最大限度地保护实体文物，又可以避免由于逐步失传的传统技艺对我国建筑文化传承的影响，有利于古建筑的保护、维修、利用、开发、传承和发扬光大。

如果采用本技术实施全国范围内的古建筑普查和三维数字化保存，从成本和操作难度上都将大大降低，从而使得该项工作能得到顺利开展和普及，使古建筑存留的文化得以充分保护。例如对我国传统古村落的数字化测绘工作，采用本技术将使得数据采集、处理、展示及后期应用等工作十分方便。当然，本技术不仅可以对古建筑进行测量，而且可以对不可移动文物遗址，如摩崖石刻等进行测量及三维数字化建模。但古建筑的数字化测绘确是当务之急，采用人工或其他方法进行测绘，工作量大，成本高，导致相关工作不能大量铺开。

本技术还有一个大的应用点——老旧小区改造。由于老旧小区建成时间久，部分设计图纸保存不善，还有外部改造变动大，使得相关单位进行老旧小区改造时的测绘工作量增加。如果采用本技术，不管是测绘成本，还是测绘时间都大大节约，更主要的是还可以形成三维模型，用于设计和施工单位做具体模拟，更便于方案对外展示。

我们的技术团队一直致力于将技术与具体的应用需求相结合，推动科技成果转化为生产力，为各行业应用提供量身定制的技术支持和服务。本技术的呈现将因各单位的使用和需求而得到更好表现，希望本技术在与大家的充分交流、沟通、合作中得到更广泛的应用和推广。

参考文献

[1] 林京海，周有光. 桂林文物古迹览胜 [M]. 桂林：广西师范大学出版社，2012.

[2] 薛剑飞. 古建筑的保护与开发利用 [J]. 才智，2014.

[3] 成龙. 基于图像的建筑测量中特征点的选取与匹配 [D]. 桂林电子科技大学，2016.

[4] 李杰. 基于图像的建筑物模型重建技术研究 [D]. 北京：北方工业大学，2012.

[5] 黄家城，孙保燕. 桂北与徽派建筑配件图集 [M]. 桂林：广西师范大学出版社，2013.

第 2 章 宗祠

2.1 安徽绩溪县瀛洲乡龙川胡氏宗祠

绩溪县瀛洲乡龙川胡氏宗祠

  龙川胡氏宗祠是胡氏家族祭祀祖先、议决族内大事的场所。祠内装饰以各类木雕为主，有"木雕艺术博物馆"和"民族艺术殿堂"之称。胡氏宗祠被称为"江南第一祠"，那重檐歇山式的高大门楼，标志着名门望族的显赫。绩溪曾有大小 340 余座祠堂，胡氏宗祠是规模最大、保存最完好的一座。它始建于宋代，明嘉靖年间兵部尚书胡宗宪进行了扩建，清光绪年间又作了大修。祠堂宏伟庄严，从建筑物总体构成到细部雕饰，处处体现着封建伦理和法度。绩溪龙川接待中心大楼，是进入龙川村旅游的主要出入口。大楼的徽式建筑风格与周围环境显得颇为协调。1988 年被国务院批准为第三批全国重点文物保护单位。

古建筑数字化测绘及三维展现技术实例

龙川村胡氏宗祠接待中心图像

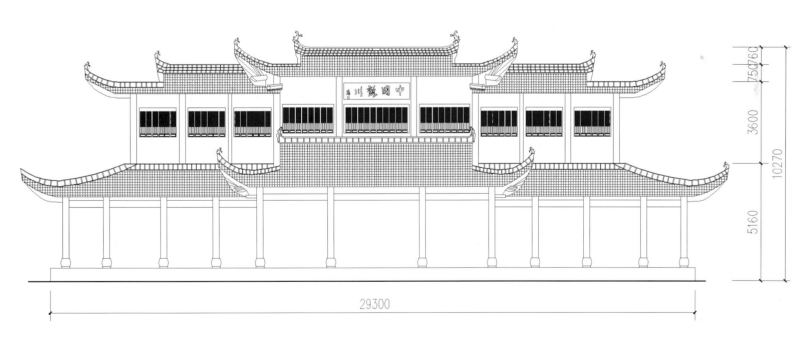

龙川村胡氏宗祠接待中心正立面测绘图

龙川村胡氏宗祠接待中心飞檐图像

技术说明：本技术不仅可以对大的建筑结构立面进行测绘，还可以单独对飞檐等局部结构的特色细节进行精确的测绘。

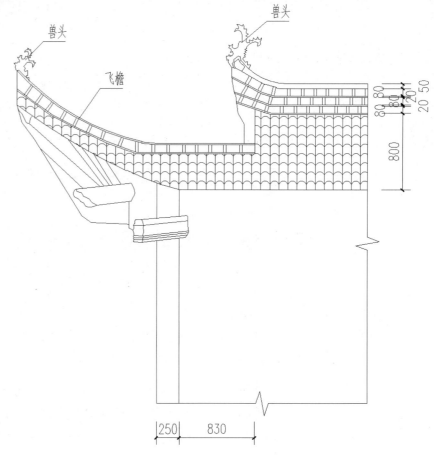

龙川村胡氏宗祠接待中心飞檐测绘图

古建筑数字化测绘及三维展现技术实例

2.2 安徽绩溪县瀛洲乡大坑村胡氏宗祠

绩溪县瀛洲乡大坑村胡氏宗祠

技术说明：采用本技术进行建筑数字化测绘时，首先利用数码相机对古建筑进行现场图像数据采集，拍摄时需要加入毫米级高精度标识板，作为计算机智能推算建筑结构尺寸的依据。实施方法见发明专利"一种基于图像的特色建筑立面图测绘方法"（ZL201310201900.8）

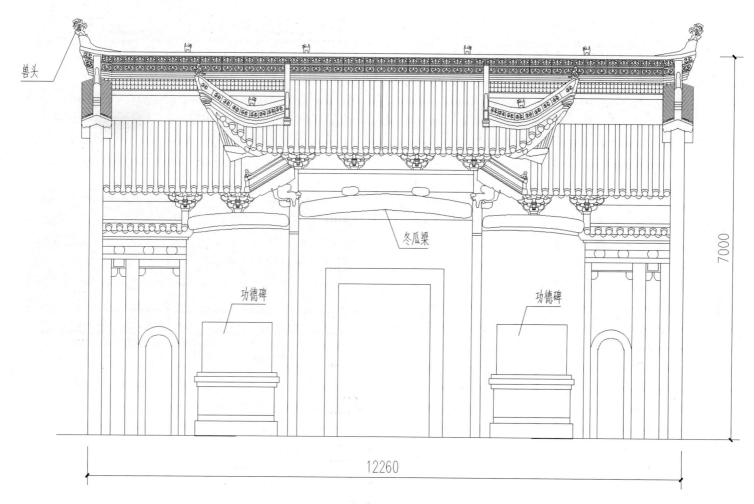

兽头

冬瓜梁

功德碑

功德碑

7000

12260

绩溪县瀛洲乡大坑村胡氏宗祠正立面测绘图

古建筑数字化测绘及三维展现技术实例

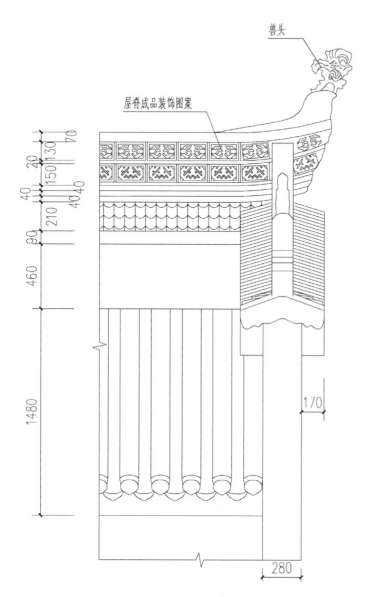

绩溪县瀛洲乡大坑村胡氏宗祠屋檐测绘图   绩溪县瀛洲乡大坑村胡氏宗祠屋檐图像

瀛洲乡大坑村胡氏宗祠飞檐图像

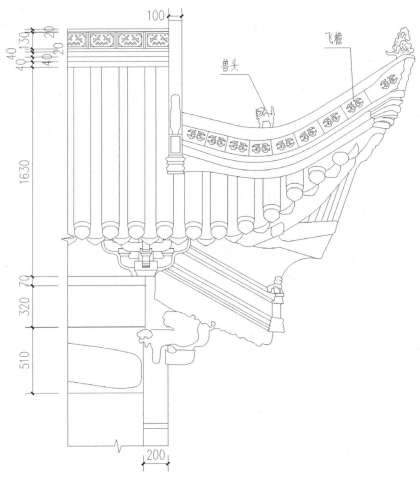

瀛洲乡大坑村胡氏宗祠飞檐测绘图

古建筑数字化测绘及三维展现技术实例

2.3 江西婺源县沱川乡篁村始基甲第

婺源县沱川乡篁村始基甲第

　　始基甲第建于明代永乐年间，又名余庆堂，是沱川乡篁村余氏宗祠。建筑物坐北朝南，南北长 33.6 米，东西宽 13 米，东西各有两个门口，可五门出入。大门门楼恢宏典雅，俗称"五凤楼"，体现了明代徽派建筑特色。从上而下的层层飞檐，呈八字形展开。门楼正中横书"始基甲第"四个浮雕大字，上下左右均是砖雕，有凤、鹤、麒麟等图案，内分前、后堂，前低后高，分三级提升。前后堂有天井各一个，木结构有梁托、斗栱、蜂窝栱等构件。

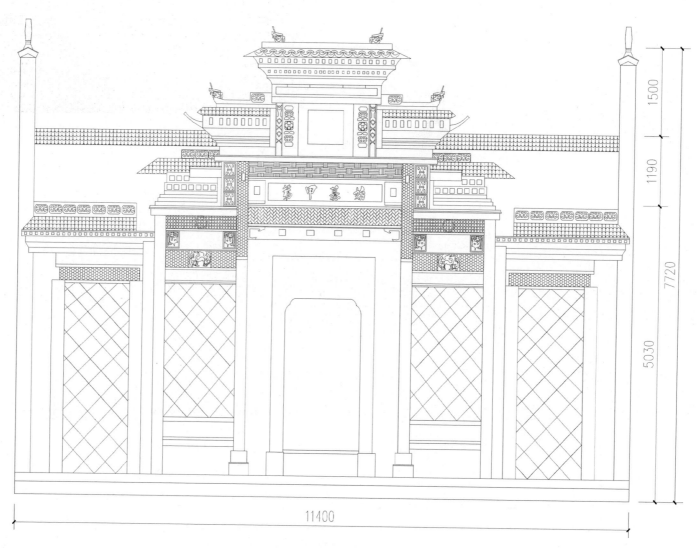

婺源县沱川乡篁村始基甲第正立面测绘图

　　　古建筑数字化测绘及三维展现技术实例

沱川乡篁村始基甲第顶部图像

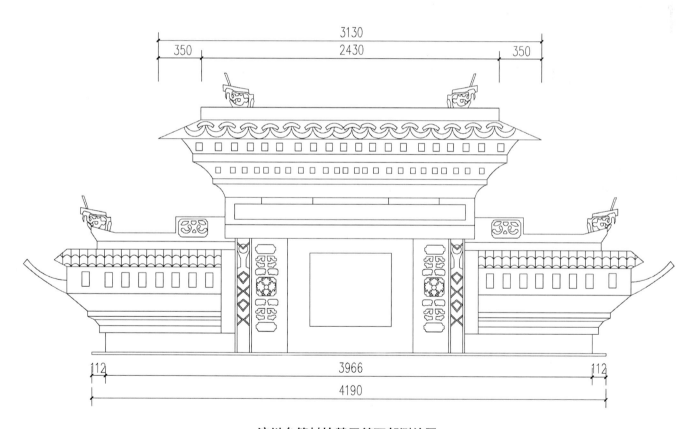

沱川乡篁村始基甲第顶部测绘图

第 2 章　宗 祠

沱川乡篁村始基甲第飞檐图像

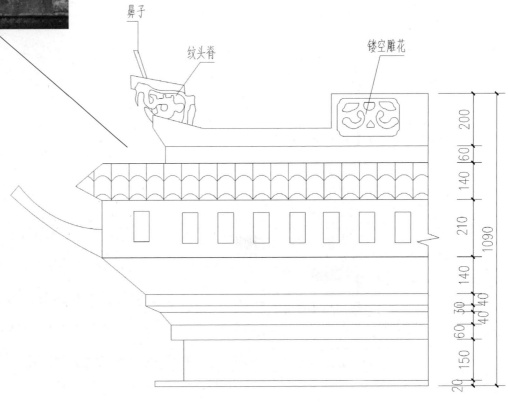

鼻子

纹头脊

镂空雕花

沱川乡篁村始基甲第飞檐测绘图

古建筑数字化测绘及三维展现技术实例

沱川乡篁村始基甲第顶部镂空雕花饰件图像

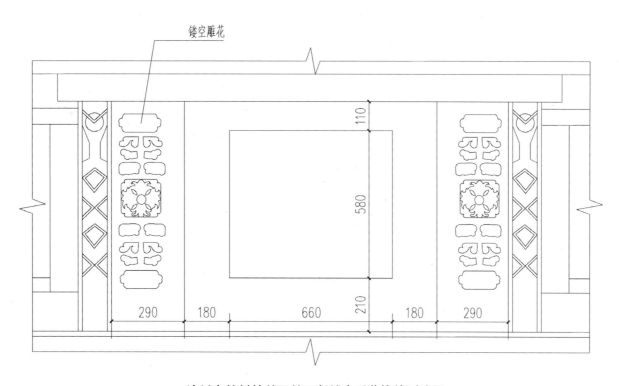

镂空雕花

沱川乡篁村始基甲第顶部镂空雕花饰件测绘图

沱川乡篁村始基甲第门头图像

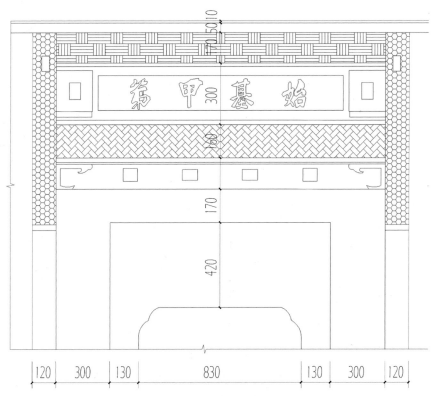

沱川乡篁村始基甲第门头测绘图

古建筑数字化测绘及三维展现技术实例

沱川乡篁村始基甲第门头局部①图像

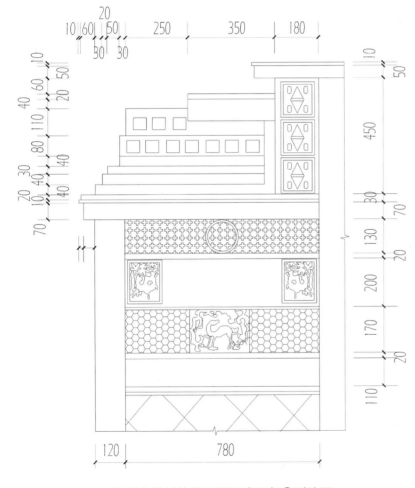

沱川乡篁村始基甲第门头局部①测绘图

沱川乡篁村始基甲第门头局部②图像

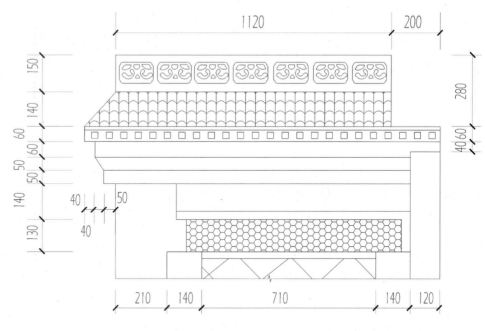

沱川乡篁村始基甲第门头局部②测绘图

古建筑数字化测绘及三维展现技术实例

2.4 广西恭城县周渭祠

恭城县周渭祠

周渭祠又名周王庙，位于恭城瑶族自治县太和街，是纪念宋代名臣周渭的庙宇。始建于明成化十四年（1478年），清雍正元年（1723年）重修，周渭祠占地1600平方米，建筑面积1040平方米。主体建筑由戏台（已毁）、门楼、大殿堂、后殿（已毁）及左右厢房组成。门楼为歇山重檐，砖木结构，面阔三间，为全庙建筑之精华所在。檐柱承托下檐，金柱通顶支撑上面重檐。五层斗栱逐层出挑而使屋顶合成既严谨而又有规律的整体结构，因斗栱重檐形似蜂窝，人们称之为"蜜蜂楼"。斗栱只起装饰作用，内部的米字枋承托上层屋顶。屋顶飞檐高翘，气势雄伟壮观。斗栱单体形似鸡爪，使重檐气流畅通并产生回流，不时发出轰鸣之声，鸟雀为之惊恐而不敢在此筑巢。正殿三开间，硬山顶，盖小青瓦，穿斗式砖木结构，正殿两侧为厢房，后殿为近年来重新修复。2006年，恭城古建筑群（周渭祠、湖南会馆、文庙、武庙）被国务院公布为全国重点文物保护单位。

恭城县周渭祠现场采集图像

技术说明：目前很多古建筑位于城市中人们生活的场所或旅游景区，在进行建筑图像数据采集时，通常会遇到遮挡物而不便清场。对此，本技术利用古建筑对称结构，可根据未被遮挡的结构恢复出被遮挡部分的结构，同时可以手持相机绕过遮挡物进行局部拍摄，增强了本技术的普适性。

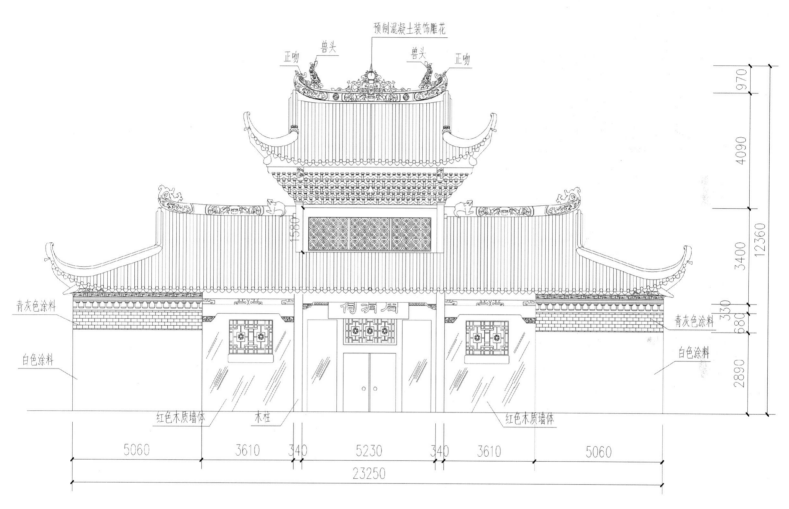

恭城县周渭祠正立面测绘图

周渭祠一层飞檐饰样图像

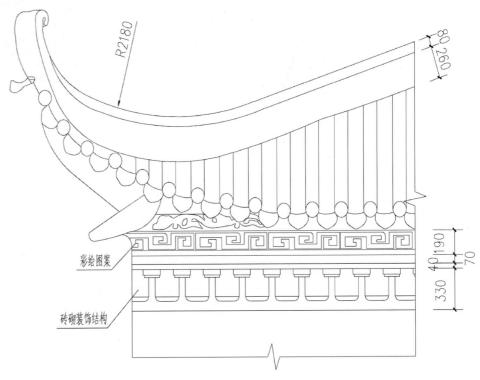

周渭祠一层飞檐饰样测绘图

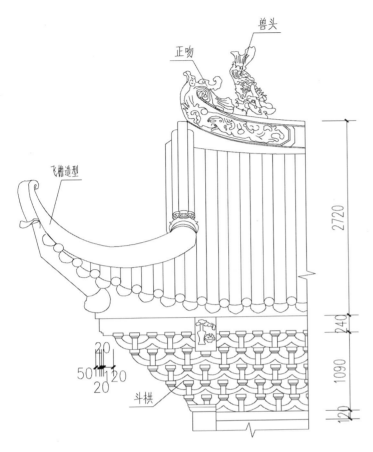

兽头

正吻

飞檐造型

2720

240

1090

120

20
50 120
20

斗栱

周渭祠二层飞檐饰样测绘图

周渭祠二层飞檐饰样

　　门楼重檐歇山式，面阔五间，分明间、次间和梢间。门楼构造具有广西特色：一是檐柱承下檐，金柱支到上檐，体形在中间骤然收小；二是斗栱主要起装饰作用。但周渭祠门楼的斗栱除有装饰作用外还有奇特的功能——这种斗栱由座斗、交互斗、鸳鸯交手斗三种形式组合成严谨而有规律的蜂窝状，使气流通过时产生回流而发出轰鸣声，令蝙蝠不敢稍歇，鸟雀不筑巢，起到自然抵御虫鸟侵害的作用。这在古建筑中是少有的。在梢间外围墙壁挑檐上，全楼一千多根坚实木料互相串联吻合，合理承担上层荷载，使屋面飞檐远挑，雄伟壮观，为清代建筑所罕见。这些斗栱结构和木构架，是研究古建筑的宝贵例证。

周渭祠屋脊局部图像

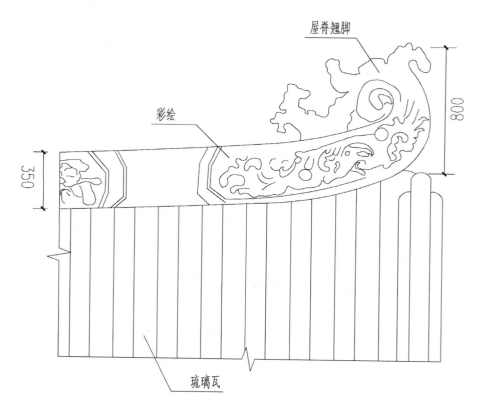

屋脊翘脚

彩绘

350

800

琉璃瓦

周渭祠屋脊局部测绘图

古建筑数字化测绘及三维展现技术实例

周渭祠屋脊饰样图像

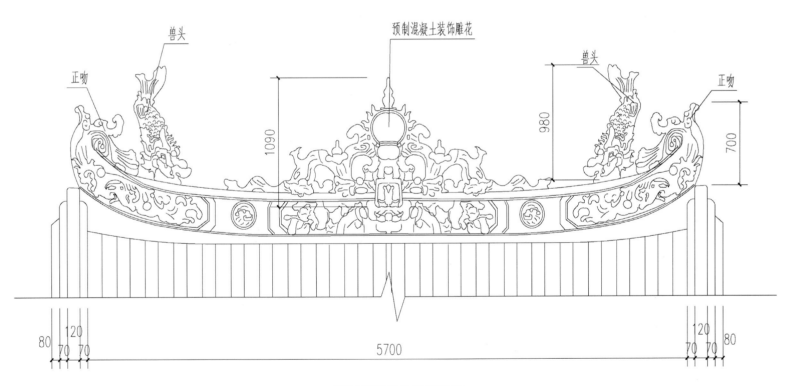

兽头

预制混凝土装饰雕花

兽头

正吻

正吻

1090

980

700

80 120 70 70

5700

120 70 70 80

周渭祠屋脊饰样测绘图

周渭祠窗花饰样图像

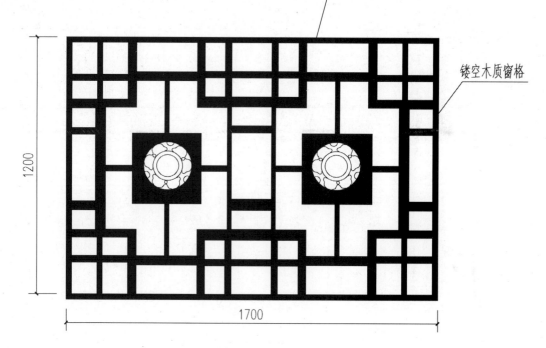

镂空木质窗格

周渭祠窗花饰样测绘图

2.5 广西恭城县豸游村周氏宗祠

恭域县嘉会乡豸游村周氏宗祠

　　豸游周氏宗祠位于恭域瑶族自治县嘉会乡豸游村，建于清光绪六年（1880 年）。由院墙、照壁、天井、门楼、左右厢房组成一座方正的建筑，规整对称。门楼前有院落，院落前面为照墙，两侧为院墙，分别开有圆拱形院门。整座祠堂布局规整合理，艺术风格特别，所有彩绘雕饰工艺精巧，内涵丰富，装修别致，古朴典雅，颇有地方民族建筑色彩，且花工用款、各工程领衔工匠以及族人祠规民约皆有碑刻记载，是保存较完整、艺术价值较高的祠堂建筑，于 2000 年公布为广西壮族自治区文物保护单位。

恭城县豸游村周氏宗祠
出入贞吉图像

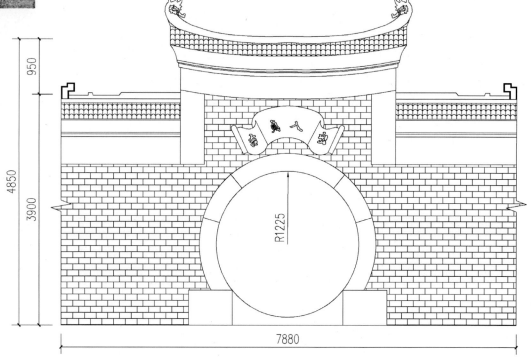

恭城县豸游村周氏宗祠出入贞吉立面测绘图

古建筑数字化测绘及三维展现技术实例

豸游村周氏宗祠出入贞吉顶部图像

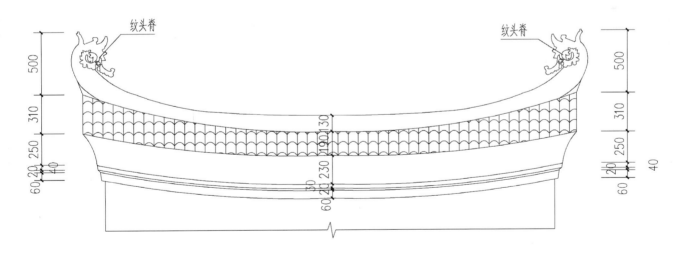

豸游村周氏宗祠出入贞吉顶部测绘图

豸游村入口门头现场采集图像

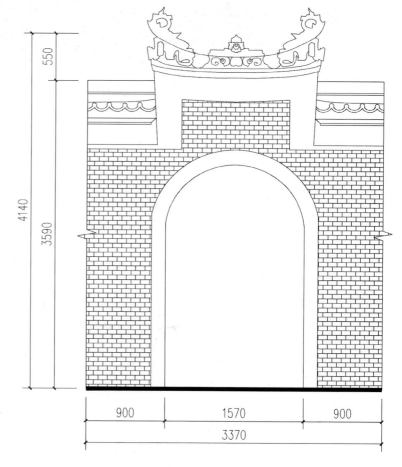

豸游村入口门头立面测绘图

古建筑数字化测绘及三维展现技术实例

豸游村入口门头顶部图像

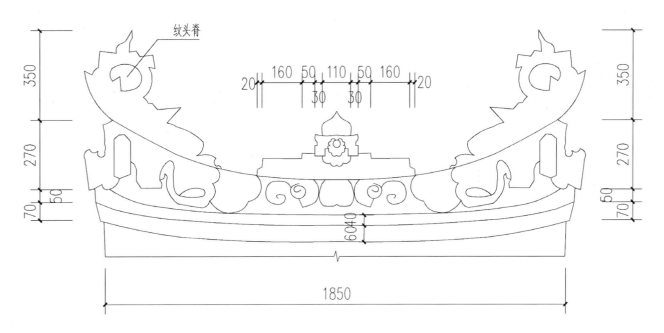

豸游村入口门头顶部测绘图

2.6 广西全州县大西江精忠祠

全州县大西江精忠祠

精忠祠位于全州县大西江乡锦塘村委四板桥村，当地村民为纪念岳飞精忠报国，于清同治元年 (1862 年) 捐款修建。该祠为砖木结构，其主要建筑由戏台和祠堂两部分构成。祠堂坐南朝北，占地面积 283 平方米，由门楼、正厅和厢房组成。2000 年公布为广西壮族自治区文物保护单位。

古建筑数字化测绘及三维展现技术实例

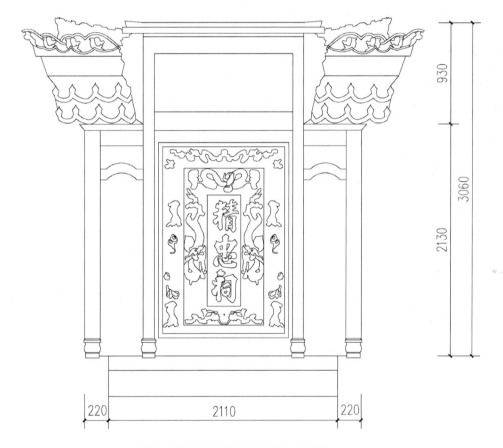

全州县大西江精忠祠正面门头测绘图

全州县大西江古戏台现场采集图像

全州县大西江古戏台
侧立面测绘图

1900

8630

6730

4300

古建筑数字化测绘及三维展现技术实例

大西江古戏台飞檐①图像

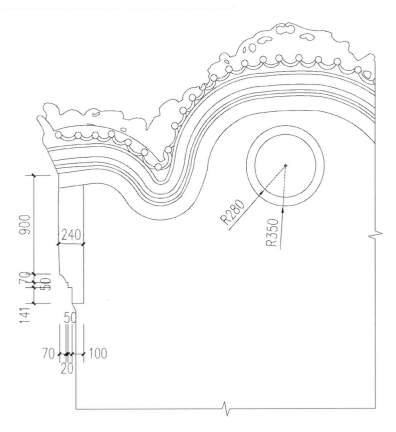

大西江古戏台飞檐①
侧立面测绘图

大西江古戏台飞檐②图像

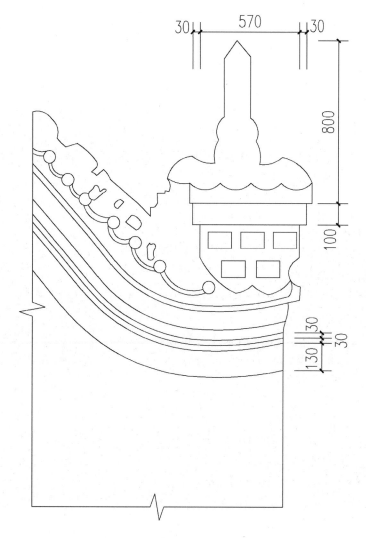

大西江古戏台飞檐②侧立面测绘图

古建筑数字化测绘及三维展现技术实例

2.7 广西全州县石脚村谢氏公祠

全州县石脚村谢氏公祠

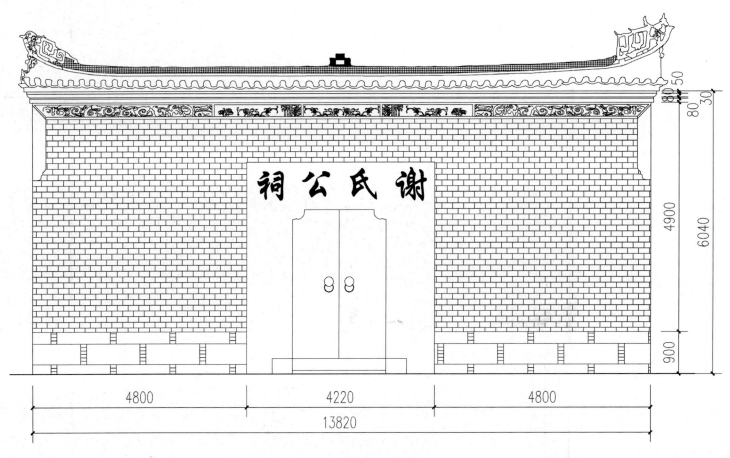

全州县石脚村谢氏公祠正立面测绘图

古建筑数字化测绘及三维展现技术实例

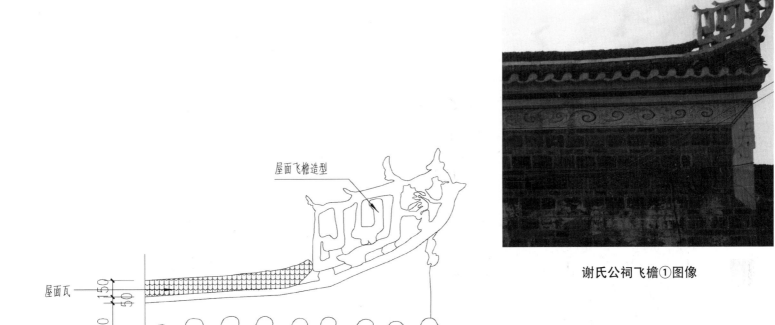

谢氏公祠飞檐①图像

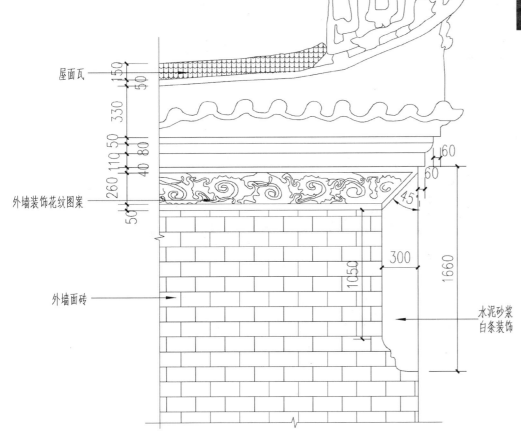

屋面飞檐造型

屋面瓦

外墙装饰花纹图案

外墙面砖

水泥砂浆
白条装饰

150
50
330
50
80
110
40
260
50
160
60
45
300
1050
1660

谢氏公祠飞檐①测绘图

谢氏公祠飞檐②图像

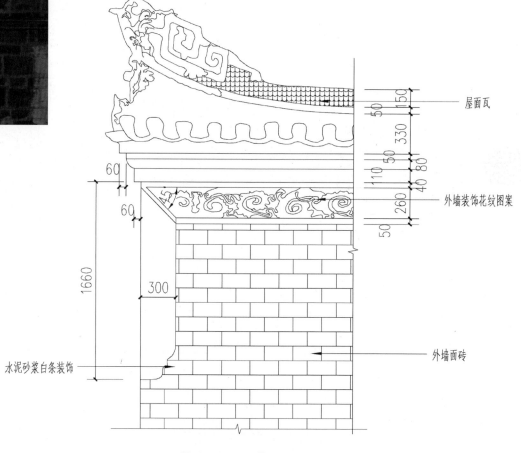

屋面瓦

外墙装饰花纹图案

外墙面砖

水泥砂浆白条装饰

谢氏公祠飞檐②测绘图

2.8 广西灵川县九屋镇江头村爱莲家祠

灵川县九屋镇江头村爱莲家祠

　　江头洲古村落，建村已有一千多年的历史，是我国北宋著名文学家、哲学家、理学创始人周敦颐的后裔之村，独特的"科举仕宦文化"和"江头洲爱莲文化"，丰厚的文化遗产，辉煌的历史篇章和优美的自然景观，享有广西古村落中"历史文化遗迹数量第一，房宇建筑工艺第一，镂花种类第一，名人数量第一，数代为官同职第一，清官数量第一"的盛誉。2006 年 5 月被国务院公布为"全国重点文物保护单位"，同年被列入广西第一批非物质文化遗产名录，2007 年元月被评为"中国魅力景区"。

　　爱莲家祠为江头洲周氏的宗祠，始建于清光绪八年（1882 年），修建和装修过程历时六年。家祠以"爱莲"为名，意在以先辈周敦颐的《爱莲说》教育历代子孙。爱莲家祠是江头村古民居的代表作，坐西朝东，是一座 5 开间宽、6 间进深，青砖包墙硬山顶的木构建筑。它因江头周氏先祖周敦颐推崇莲花，著有《爱莲说》而取名。

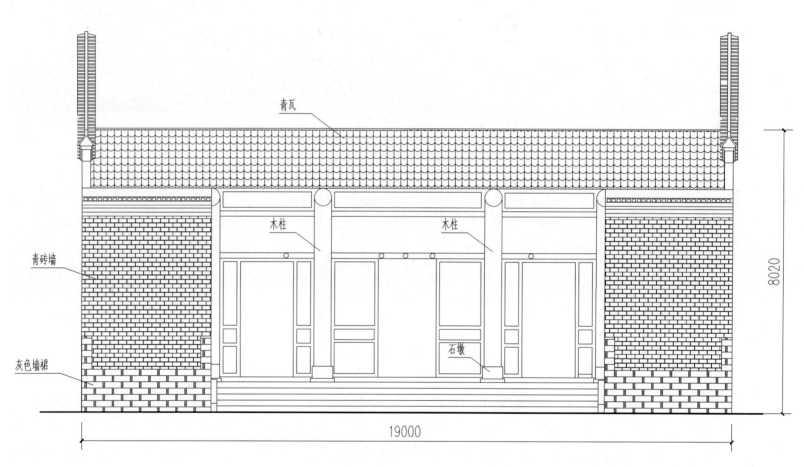

青瓦

木柱　　　　　　木柱

青砖墙

石墩

灰色墙裙

8020

19000

灵川县九屋镇江头村爱莲家祠正立面测绘图

　古建筑数字化测绘及三维展现技术实例

九屋镇江头村爱莲家祠侧面图像

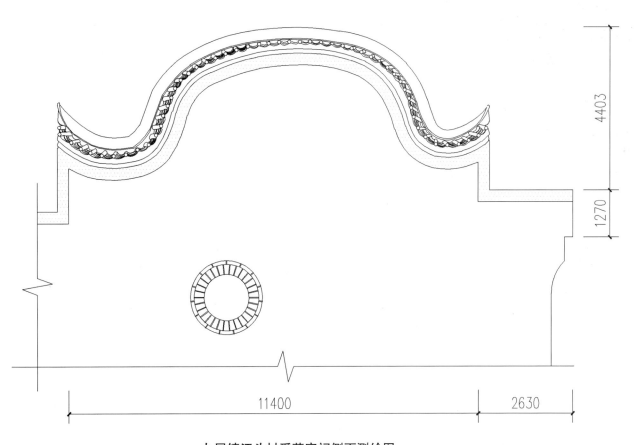

九屋镇江头村爱莲家祠侧面测绘图

九屋镇江头村爱莲家祠翘脚图像

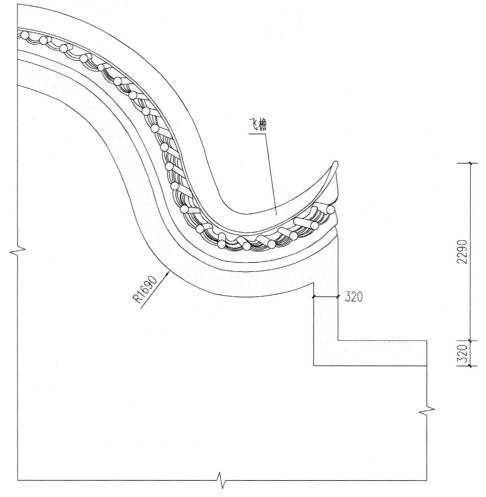

九屋镇江头村爱莲家祠翘脚测绘图

古建筑数字化测绘及三维展现技术实例

2.9 广西贺州市黄姚镇宝珠观

广西贺州市黄姚镇宝珠观

宝珠观，位于黄姚古镇景区内，因建于小珠江边的宝珠山旁而得名，始建于明嘉靖三年（公元1524年），清乾隆、道光、光绪年间曾多次重修。由大殿、门厅、厢房、天井、回廊等组成。当地人用以供奉北帝、如来、观音，是道、佛合二为一的寺观。1944年日军入侵广西，桂林沦陷，何香凝、欧阳予倩、高士其、梁漱溟等大批爱国人士疏散到了黄姚，1945年，以钱兴为书记的中共广西省工委迁到黄姚，设在宝珠观内，开展隐蔽的抗日斗争。为纪念这一段历史，1986年广西壮族自治区人民政府把宝珠观定为广西省工委旧址，1994年列为省级文物保护单位和爱国主义教育基地。

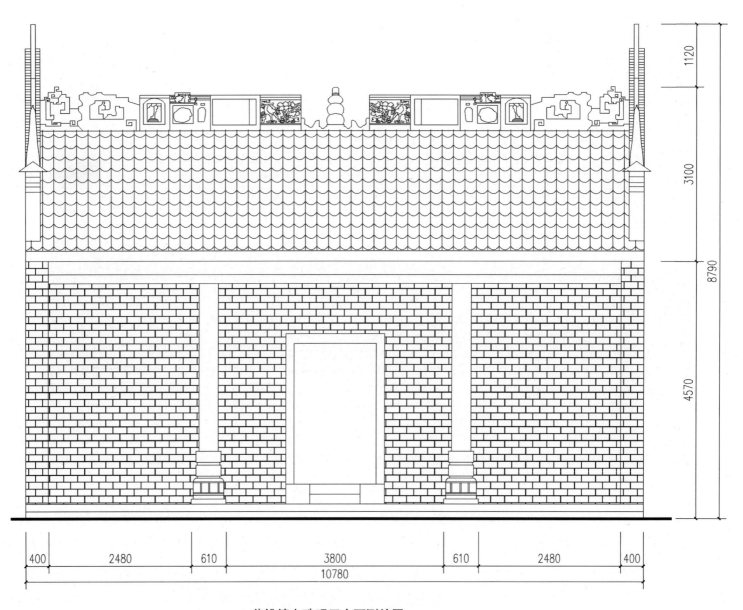

黄姚镇宝珠观正立面测绘图

古建筑数字化测绘及三维展现技术实例

第 3 章 名人故居

3.1 广西桂林市靖江王府

桂林市靖江王府

桂林市靖江王府，位于桂林市中心独秀峰下，是明代靖江藩王的官邸。靖江王从明洪武三年受封，至清顺治七年 (1650 年) 亡国，存世 280 年，传 11 代、14 王，是朱明王朝传世时间最长的藩王之一。靖江王府真正作为明朝藩王府使用的时间长达 274 年，与明王朝（含南明）共始终。在明朝数十个藩王府中，靖江王府是建成时间最早、使用时间最长、规模最特殊、保存最完好的王府之一。靖江王特殊的地位相应地反映在王府建筑上，这也使靖江王府成为明代所建数十个王府中规制最为特殊的王府。靖江王府 1997 年公布为全国重点文物保护单位。

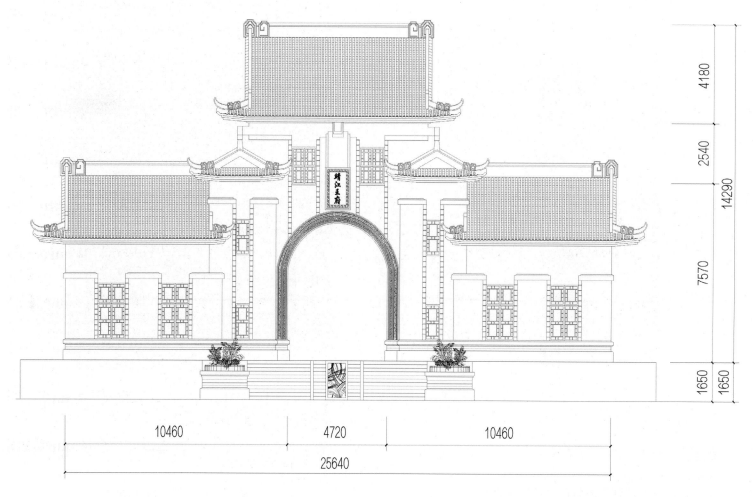

桂林市靖江王府承运门正立面测绘图

古建筑数字化测绘及三维展现技术实例

靖江王府承运门牌匾测绘图

靖江王府承运门牌匾图像

靖江王府窗花造型图像

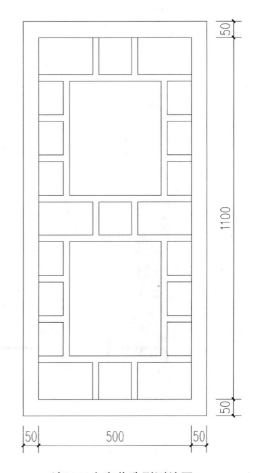

靖江王府窗花造型测绘图

古建筑数字化测绘及三维展现技术实例

靖江王府广智门里面图像

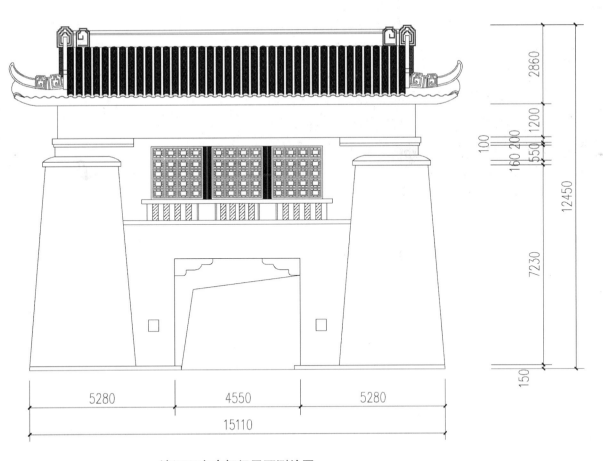

靖江王府广智门里面测绘图

3.2 广西桂林市李宗仁官邸

桂林市李宗仁官邸

　　李宗仁官邸位于桂林市风景秀丽的杉湖南畔。这座被后人誉为桂林"总统府"的府邸建于20世纪40年代，属中西结合的别墅式建筑，主楼坐西朝东，为砖木结构二层楼房，建筑面积818平方米。布局一改传统的南北走向而坐东朝西，以威严、气派的主楼为中心，四周配建副官楼、警卫室、附楼、花园、停车坪等，占地四千多平方米。

　　　　　　　　　　　　古建筑数字化测绘及三维展现技术实例

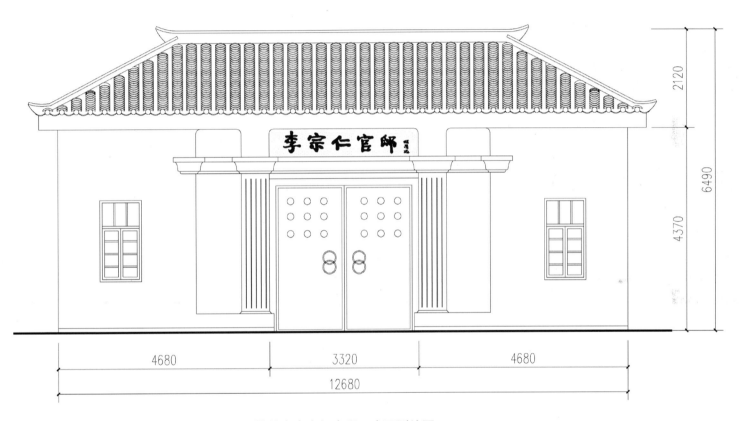

桂林市李宗仁官邸正立面测绘图

3.3 广西桂林市临桂区李宗仁故居

桂林市临桂区两江镇浪头村李宗仁故居

　　临桂区两江镇浪头村李宗仁故居，两第建筑是"前扣两进三开间，一井两厢前后房，披厦后门香火壁，正中堂屋两侧门，楼井式神龛通屋顶"；学馆是大五开间构架，大天井采光；三进客厅则渠用大式等尺寸的五开间，通廊回环，气势雄伟，均集中了桂北民居的特征。两大门楼顶饰龙脊，楼下用花岗石凿制巨大门框，门两侧边饰竹节，内塑"山河永固，天地皆春"对联，"青天白日"横批，反映着"九一八"事变后抗日救亡的时代气息。所有建筑，镂花窗格，烙花裙板，朱红方柱，粉绿壁板。故居分三次扩建，均建于20世纪20年代。1996年被列为国家级重点文物保护单位。

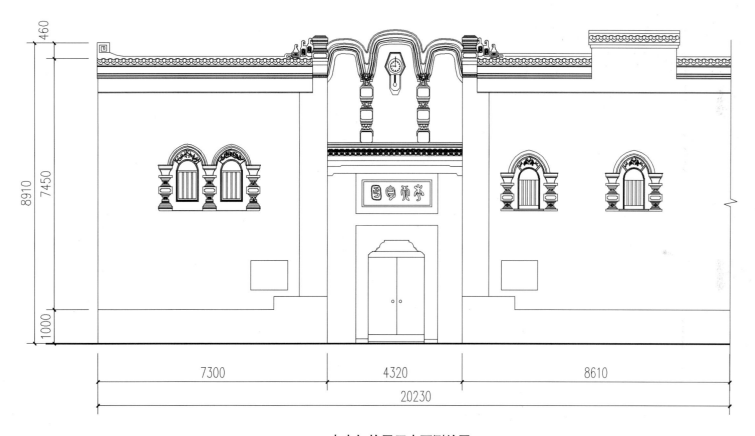

李宗仁故居正立面测绘图

李宗仁故居门头图像

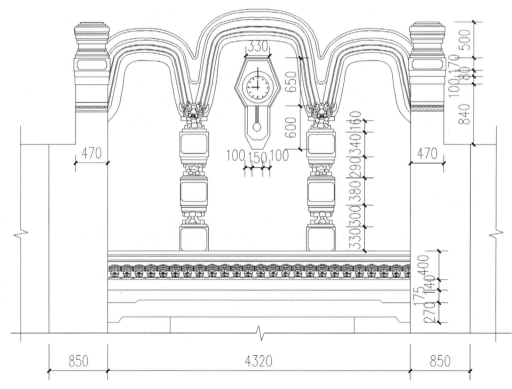

李宗仁故居门头测绘图

古建筑数字化测绘及三维展现技术实例

李宗仁故居窗花①图像

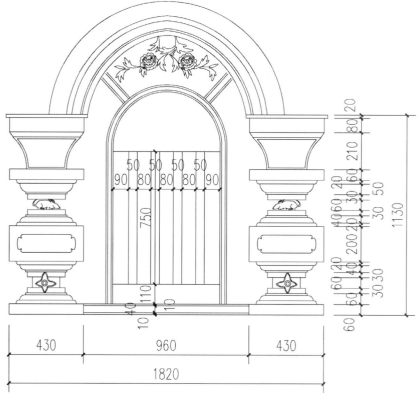

李宗仁故居窗花①测绘图

李宗仁故居窗花②图像

　古建筑数字化测绘及三维展现技术实例

李宗仁故居窗花②测绘图

3.4 湖南东安县树德山庄

永州市东安县树德山庄

    树德山庄又名唐生智故居，系著名爱国将领唐生智故居，具有重要的历史、艺术和科学价值。1927年建于东安县芦洪市镇赵家井村。树德山庄是一处规模较大、中西合璧的庄园式建筑。其券廊式建筑体现了近代中西合璧建筑的风格。平面布局以湘南民居传统对称手法，天井、大门、走廊、回廊及半圆形窗户，玻璃方格及洋楼采用不对称的格局打破了中国传统建筑的做法。山庄的庭院、花园也颇具风采，中式的亭台，西式的花坛，相互映衬，体现了民居与园林、中式与西式相结合的手法，反映了清末民初受外来建筑思潮影响的新观念。2006年被列为第六批全国重点文物保护单位。

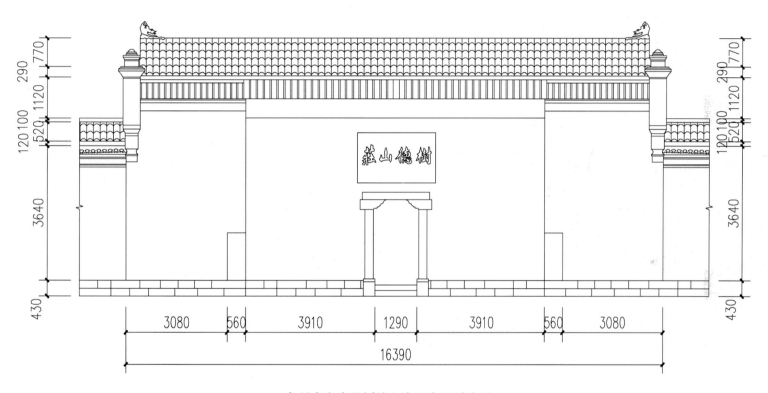

永州市东安县树德山庄正立面测绘图

东安县树德山庄屋顶局部图像

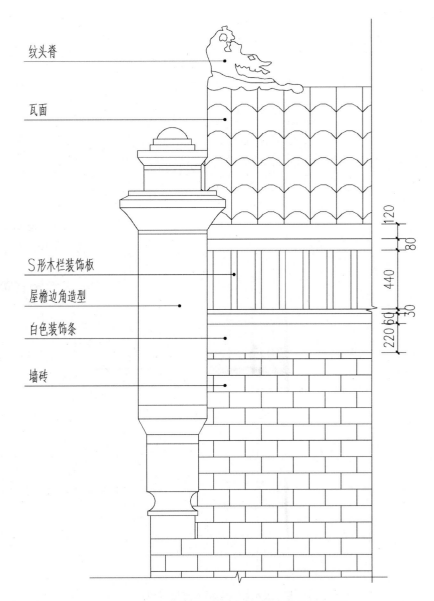

纹头脊

瓦面

S形木栏装饰板

屋檐边角造型

白色装饰条

墙砖

东安县树德山庄屋顶局部测绘图

　　　　　古建筑数字化测绘及三维展现技术实例

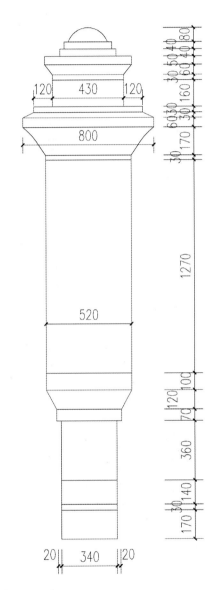

东安县树德山庄屋檐局部测绘图

东安县树德山庄屋檐局部图像

第 4 章 特色民建

4.1 江西婺源县沱川乡理坑村民居

婺源县沱川乡理坑村民居

　　理坑村，建村于北宋末年，村人好读成风，崇尚"读朱子之书，服朱子之教，秉朱子之礼"，被文人学者赞为"理学渊源"。明清时期，理坑最为鼎盛，形成了颇具特色的明清官邸古建筑群，数量、款式之多国内少见，保存也最好，理坑村至今保留着明清官宅120余栋，被誉为"中国明清官邸、民宅最集中的典型古建村落"。2005年10月被评为中国历史文化名村，2006年5月被定为全国重点文物保护单位，全国百个民俗文化村之一。

　古建筑数字化测绘及三维展现技术实例

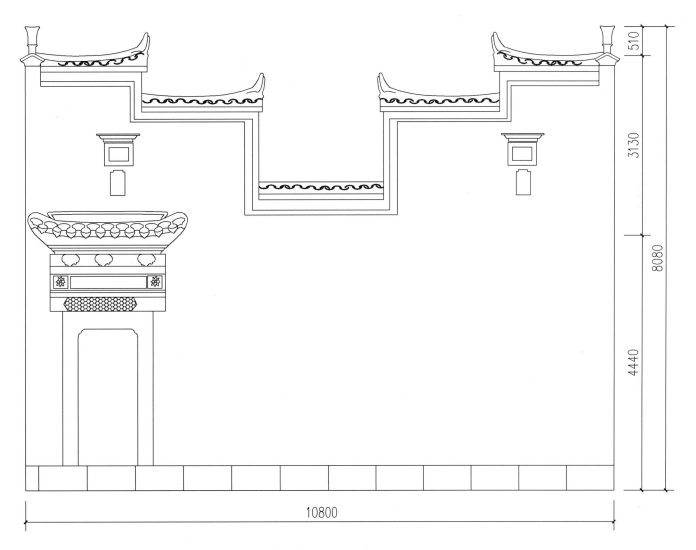

510

3130

8080

4440

10800

婺源县沱川乡理坑村民居正立面图测绘图

沱川乡理坑村民居门头饰件图像

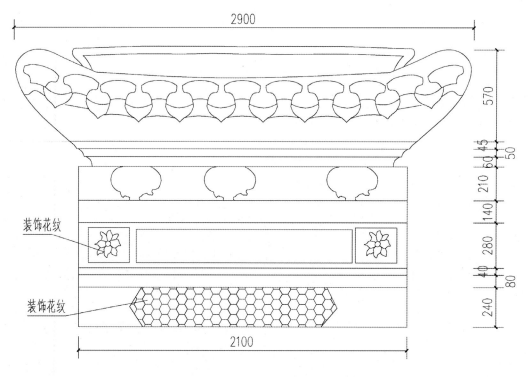

沱川乡理坑村民居门头饰件测绘图

古建筑数字化测绘及三维展现技术实例

沱川乡理坑村民居马头墙饰件图像

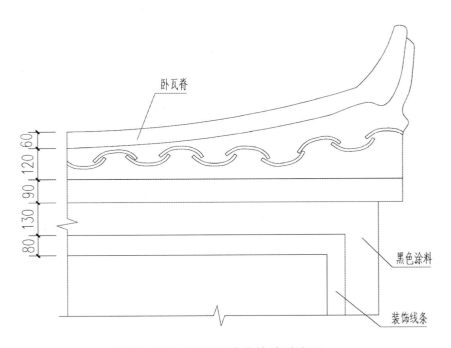

卧瓦脊

黑色涂料

装饰线条

沱川乡理坑村民居马头墙饰件测绘图

第 4 章 特色民建 ・ **69** ・

4.2 广西龙胜县特色民建

龙胜县平安龙脊宾馆

  龙胜平安龙脊宾馆，这种穿斗式的建筑框架使建筑的体量一般固定为上下两层和顶层的一个隔层。灰色的板瓦屋顶多为歇山式或硬山式，可以通过屋顶的结构合理排水，遮挡日晒并保护木制外立面不受雨水侵蚀。建筑底层为架空围栏式结构，主要功能是饲养牲畜，堆放柴草、肥料、杂物，并作厕所。二层为厅堂、卧室、厨房等日常活动场所。顶层为充分利用空间，多设木制铺楼板，或隔栅，主要是储藏种子和杂物，并起到隔热的作用。

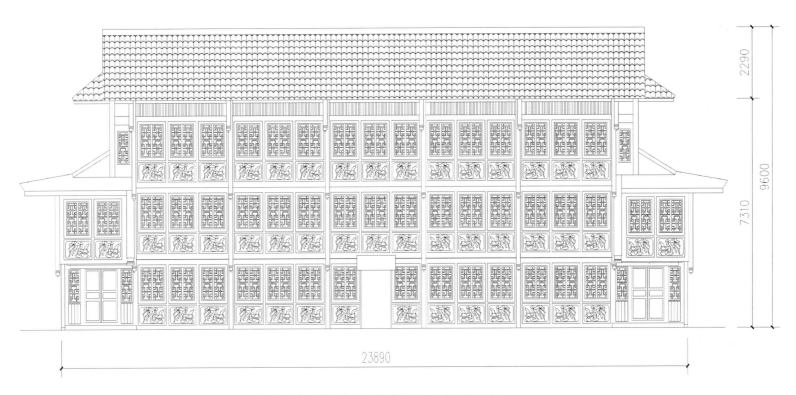

龙胜县龙脊镇平安村龙脊宾馆正立面测绘图

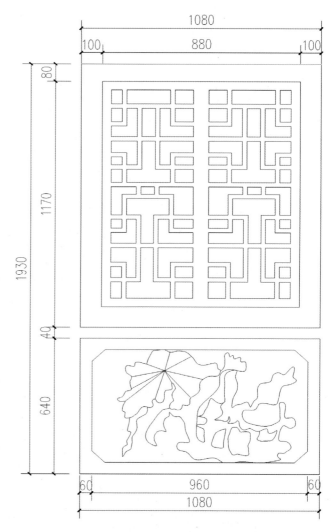

龙脊镇平安村龙脊宾馆窗饰图像

龙脊镇平安村龙脊宾馆窗饰测绘图

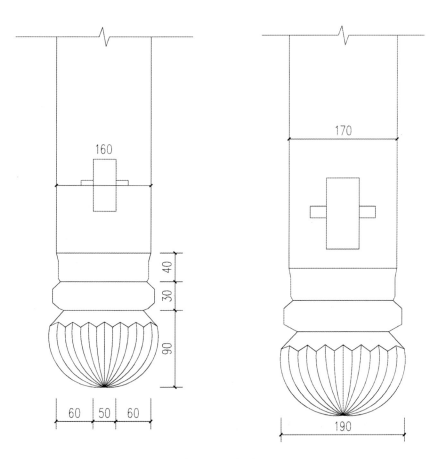

龙脊镇平安村龙脊宾馆吊脚图像

龙脊镇平安村龙脊宾馆吊脚测绘图

龙脊镇平安村龙脊民居图像

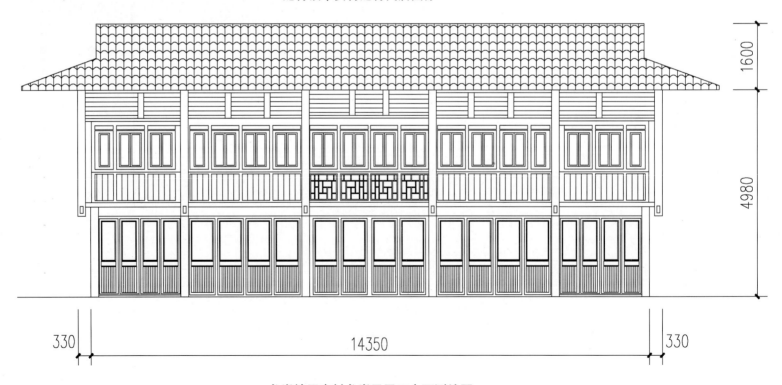

龙脊镇平安村龙脊民居正立面测绘图

古建筑数字化测绘及三维展现技术实例

龙胜县梯田民居现场采集图像

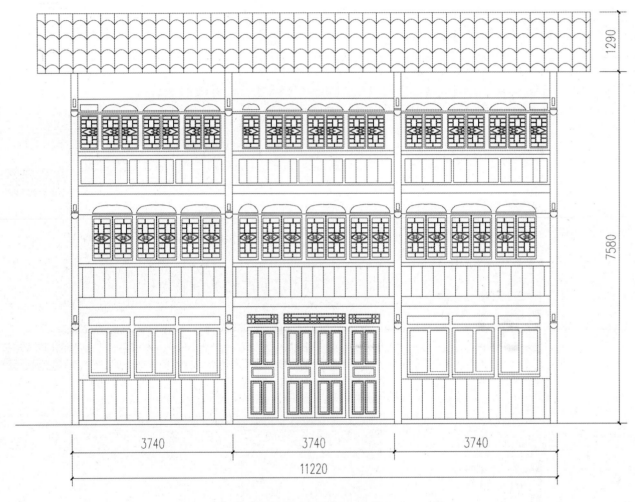

龙胜县梯田民居正立面测绘图

古建筑数字化测绘及三维展现技术实例

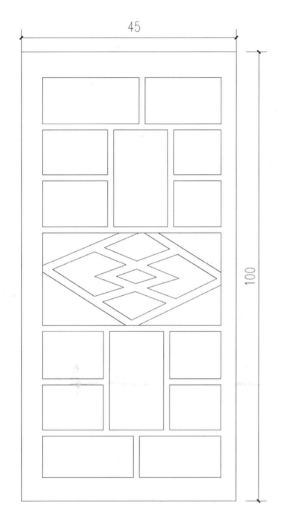

龙胜县梯田民居窗花测绘图

龙胜县梯田民居窗花图像

龙胜县长发村民居正立面图像

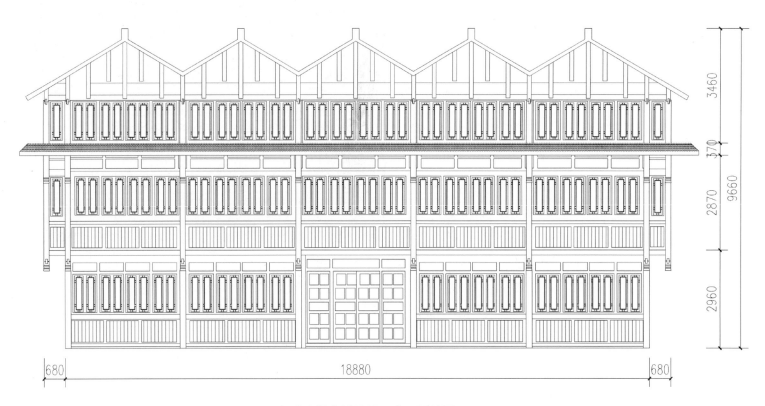

龙胜县长发村民居正立面测绘图

古建筑数字化测绘及三维展现技术实例

龙胜县长发村民居侧立面图像

龙胜县长发村民居侧立面测绘图

龙胜县长发村民居窗花图像

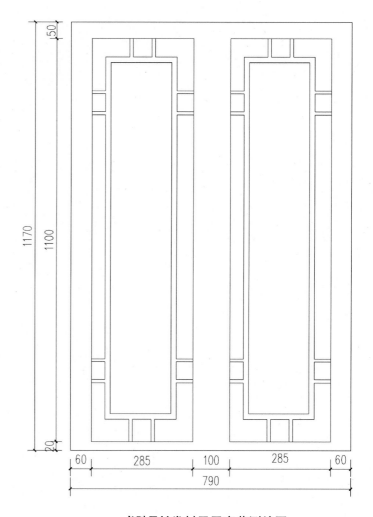

龙胜县长发村民居窗花测绘图

古建筑数字化测绘及三维展现技术实例

4.3 广西兴安县特色民居

兴安县额头上村民居

兴安县额头上村民居，始
建于清代雍正年间，整栋建筑
为砖瓦叠砌结构，其屋檐翘脚
的建筑样式均有典型的桂北民
居特色。

兴安县额头上村民居图像

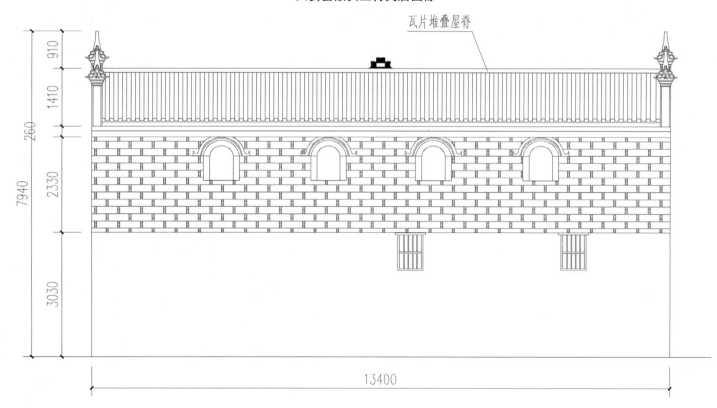

瓦片堆叠屋脊

兴安县额头上村民居正立面测绘图

古建筑数字化测绘及三维展现技术实例

额头上村居民窗花装饰造型图像

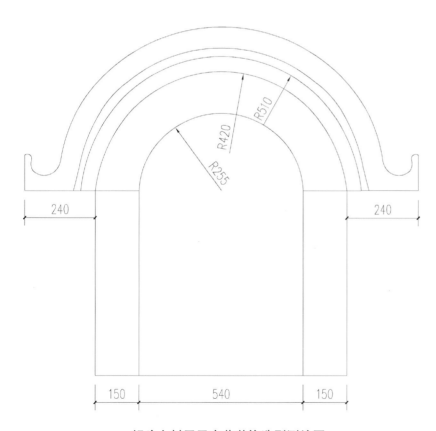

额头上村居民窗花装饰造型测绘图

额头上村民居马头墙①图像

技术说明：对古建筑马头墙构件进行测绘时，现场采集图像需将标识板贴近待测构件，尽量保证标识板与被测立面在同一平面上，以此确保构件尺寸的测绘精度。

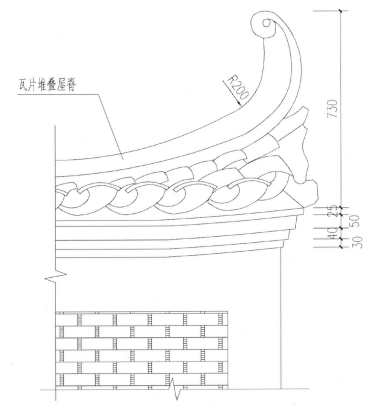

额头上村民居马头墙①侧立面测绘图

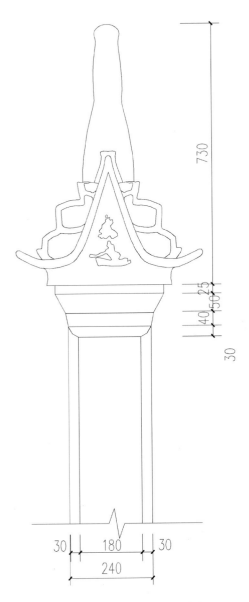

额头上村民居马头墙②正立面测绘图

额头上村民居马头墙②图像

第 4 章 特色民建

4.4 广西灵川县古民居

灵川县灵田镇迪塘村古民居

　　灵川迪塘古民居，位于灵川县灵田乡四联村，背靠腰鼓山、狮山，面对笔架山，左靠银矿山，右靠大王山，迪水溪从村中蜿蜒南流。迪塘村全部是李姓村民，明洪武年间迁居至此。迪塘民居建于明清时期，现存民居建筑约180座，占地面积约4万平方米。建筑形式多为两至三进带天井，每座建筑多为三开间。小青瓦，硬山顶，砖木结构。照壁、拱门、门楼、绣楼、风水楼、过道楼、拴马石、石板路、石桥等各具特色。迪塘民居最精致的建筑是绣楼。绣楼为两层结构，四面房屋，处处相连，构成一座回形建筑，中间是天井，天井内放置各种盆景，并堆叠一座假山，与屋后的青山浑然一体。迪塘民居于1995年公布为灵川县文物保护单位。

迪塘村古民居立面图像

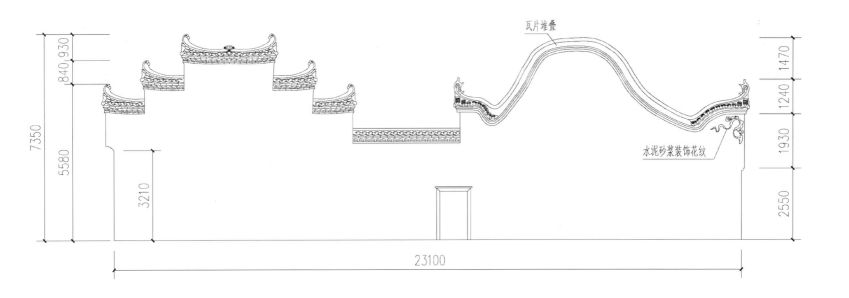

迪塘村古民居立面测绘图

第 4 章 特色民建　　　　　　　　　　　　　　　　　　　　　　　　• 87 •

迪塘村古民居翘脚①图像

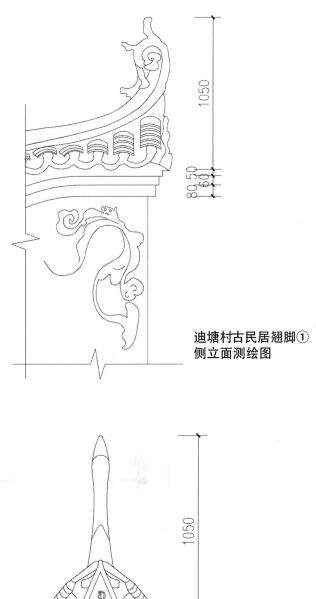

迪塘村古民居翘脚①
侧立面测绘图

迪塘村古民居翘脚①
正立面测绘图

古建筑数字化测绘及三维展现技术实例

迪塘村古民居翘脚②图像

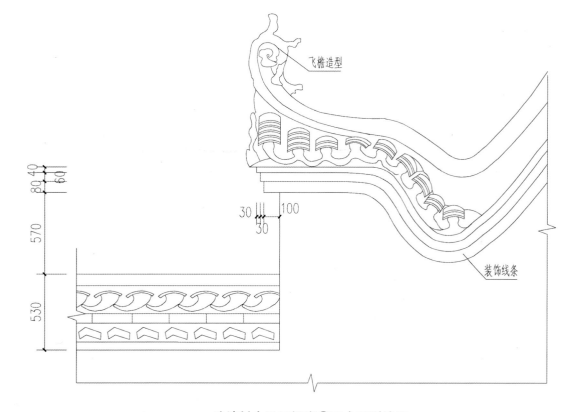

迪塘村古民居翘脚②正立面测绘图

迪塘村古民居翘脚③图像

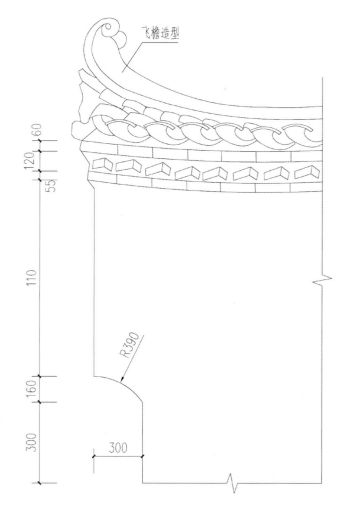

飞檐造型

60
120
55
110
R390
160
300

300

迪塘村古民居翘脚③正立面测绘图

古建筑数字化测绘及三维展现技术实例

4.5 广西恭城县朗山古民居

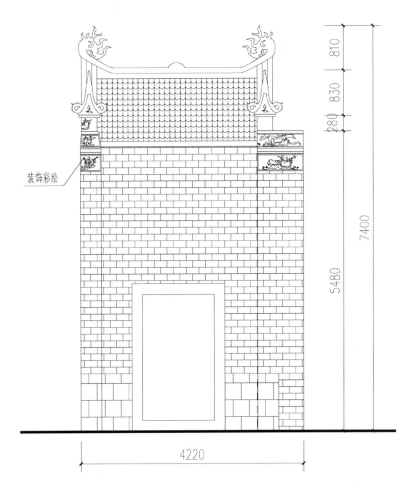

恭城县朗山古民居图像及正立面测绘图

恭城朗山古民居门楼，位于桂林市恭城瑶族自治县莲花镇朗山村，建于清朝光绪八年(1882 年)。朗山瑶族古民居因背靠朗山而得名，在村中自东向西依次排列，坐北朝南，形成了一个长约 200 米，进深 100 米的扇形古建筑群。各古民居占地 360 平方米，独门独院，清水砖墙，建筑工艺精湛，艺术构件花饰繁多。正中为大门，两侧为厢房，跑马楼，中留天井，六座房舍有院墙相隔，硬山风火山墙高低错落，但又有侧门和巷道连通成一体。为广西区内现存的一处规模最大、建筑最精美、平面布局规划最科学的古建筑群，1994 年被列为广西壮族自治区重点文物保护单位。

恭城县朗山古民居侧面马头墙

据恭城县志记载，朗山的古民居建筑在发生火灾时不会殃及邻里，遭盗匪行窃抢劫时又可联防御敌；另一个特点是文化氛围浓厚，窗楼格扇均有雕花，各屋有内涵丰富的彩绘壁画和诗词，各种书法独具风格。街中有炮楼、寨头、门楼，清一色的石板路，平整光滑，犹有古遗风韵。

古建筑数字化测绘及三维展现技术实例

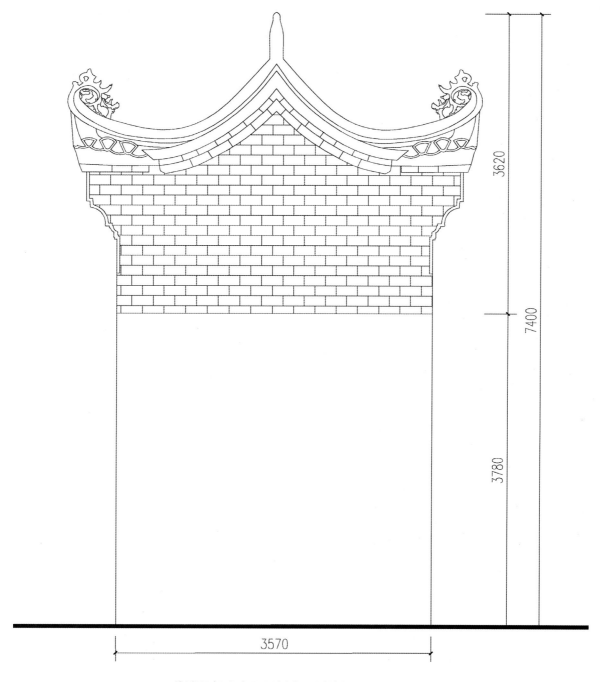

3620

7400

3780

3570

恭城县朗山古民居侧立面测绘图

朗山古民居门楼马头墙左侧正面图像

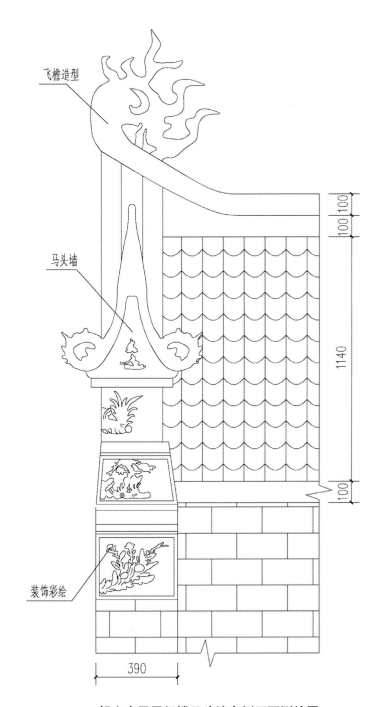

飞檐造型

马头墙

装饰彩绘

100 100

1140

100

390

朗山古民居门楼马头墙左侧正面测绘图

古建筑数字化测绘及三维展现技术实例

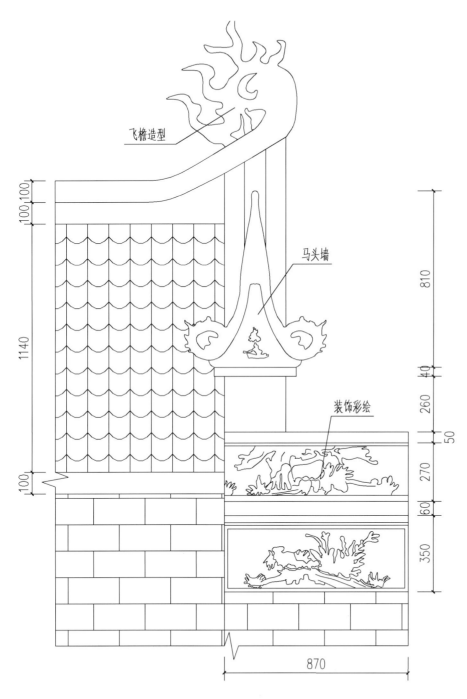

飞檐造型

马头墙

装饰彩绘

100 100
1140
100
810
40
260
50
270
60
350

870

朗山古民居门楼马头墙右侧正面测绘图

朗山古民居门楼马头墙右侧正面图像

朗山古民居马头墙侧正面图像

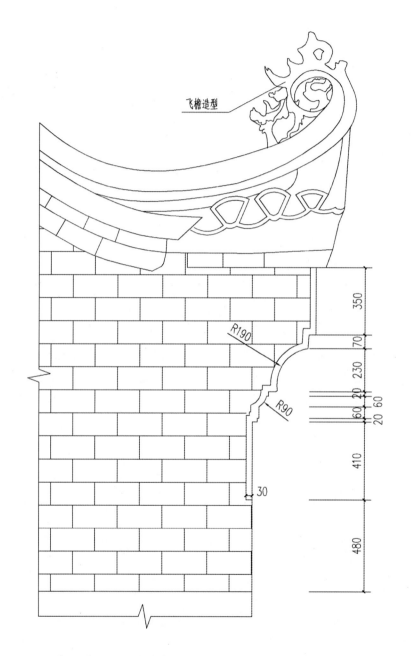

飞檐造型

朗山古民居马头墙侧正面测绘图

古建筑数字化测绘及三维展现技术实例

第 5 章 特色建筑

5.1 安徽黟县宏村镇黄岳画院

安徽黟县宏村镇黄岳画院

　　黄岳画院坐落在世界文化遗产地黟县宏村，距黟县 7 公里，是一个以 300 年古民居为载体的画院。主展厅为古徽州四水归一的天井式厅堂，纯朴大方，古韵幽幽，原木雕刻的花窗、梁柱与传统的书画相得益彰，充分展示出了中国传统书画的博大精深。

黄岳画院图像

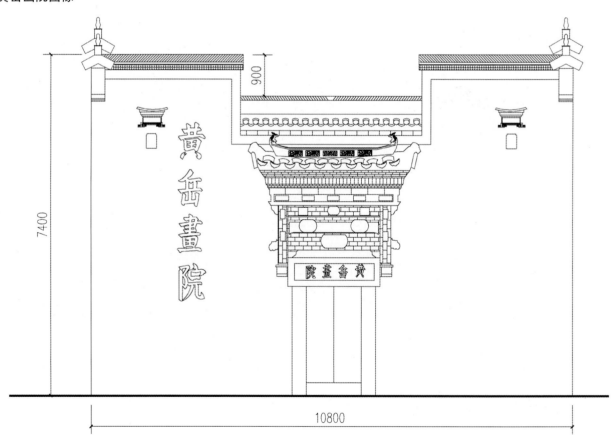

黄岳画院正立面图测绘图

　　　　　　　　古建筑数字化测绘及三维展现技术实例

黄岳画院门头图像

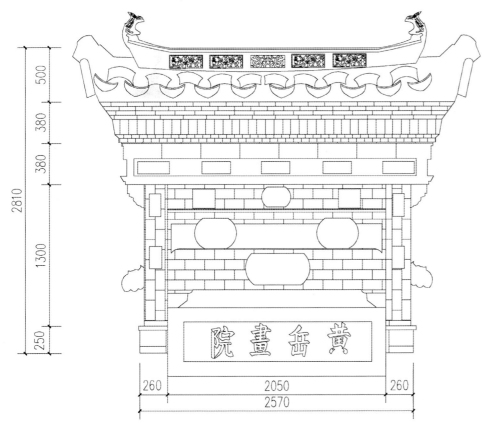

黄岳画院门头测绘图

第 5 章 特色建筑

5.2 广西恭城县湖南会馆

恭城县湖南会馆

恭城湖南会馆，位于恭城瑶族自治县太和街，建于清同治十一年（1872 年），占地面积 1847 平方米，建筑面积 1420 平方米，由门楼、戏台、正殿、后殿及两边厢房组成。临街一面为门楼，穿斗式砖木结构，高三层，面阔三间，进深三间。明间为重檐歇山，两次间为硬山形制，盖琉璃瓦，灰顶式封火山墙。明间顶层为阁楼，庑殿式屋顶。脊正中装有葫芦宝顶和鳌鱼吻兽，四角泥塑卷草脊饰。下檐两条檐柱为青石制作，上刻楹联一副"客馆可停骖七泽三湘久矣同联梓里，仙都勘得地千秋百世遐哉共镇茶城"。前开三道大门，绘有重彩门神，门楼第二层即是戏台的后厢，戏台楼面与门楼二层持平。正殿硬山顶，盖小青瓦，穿斗式和抬梁式混合砖木结构，马头墙式防火山墙。2006 年湖南会馆被国务院公布为全国重点文物保护单位。

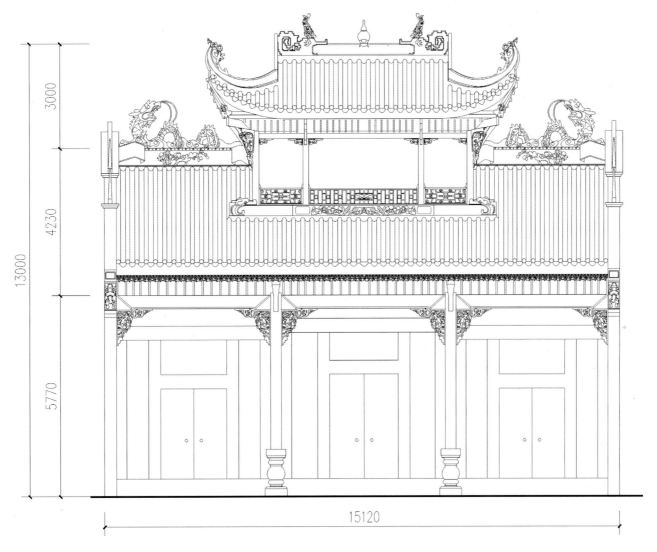

恭城县湖南会馆正立面测绘图

湖南会馆侧面图像

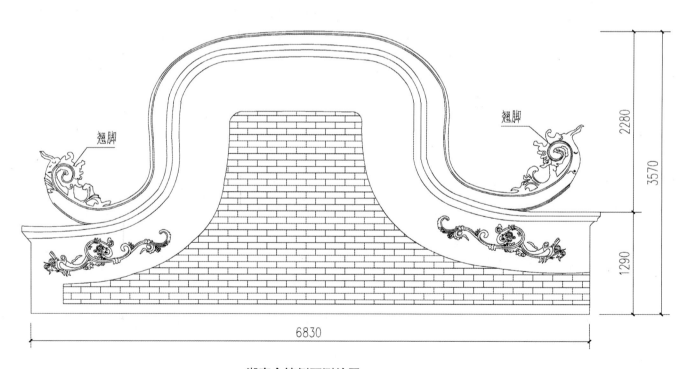

翘脚

翘脚

2280

3570

1290

6830

湖南会馆侧面测绘图

古建筑数字化测绘及三维展现技术实例

湖南会馆侧面细节图像

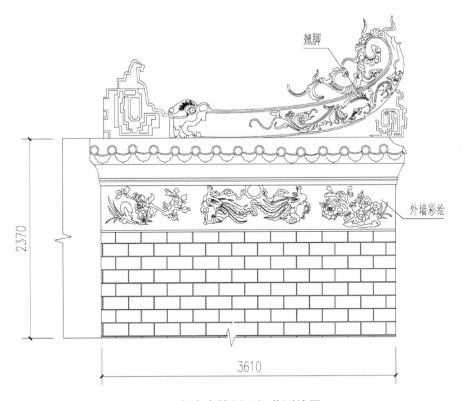

翘脚

外墙彩绘

2370

3610

湖南会馆侧面细节测绘图

湖南会馆二层飞檐图像

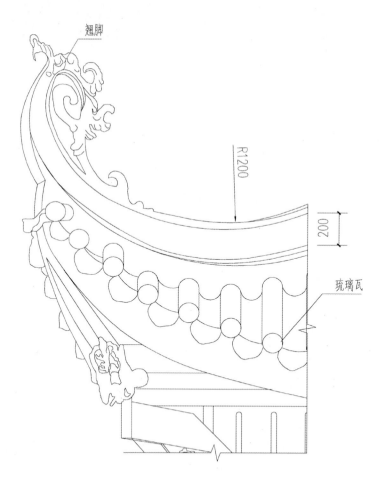

湖南会馆二层飞檐测绘图

古建筑数字化测绘及三维展现技术实例

湖南会馆屋脊图像

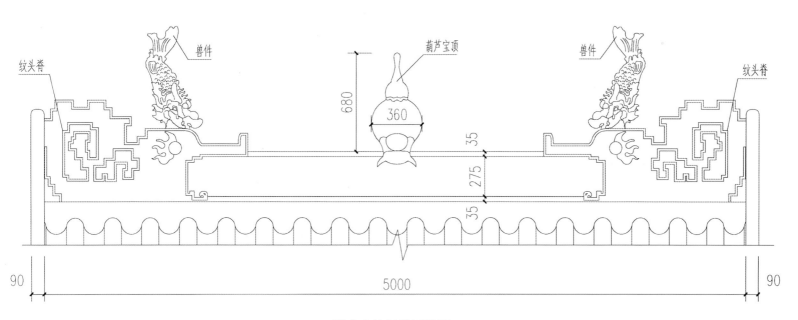

湖南会馆屋脊测绘图

第 5 章 特色建筑

湖南会馆屋脊局部图像

湖南会馆屋脊局部测绘图

古建筑数字化测绘及三维展现技术实例

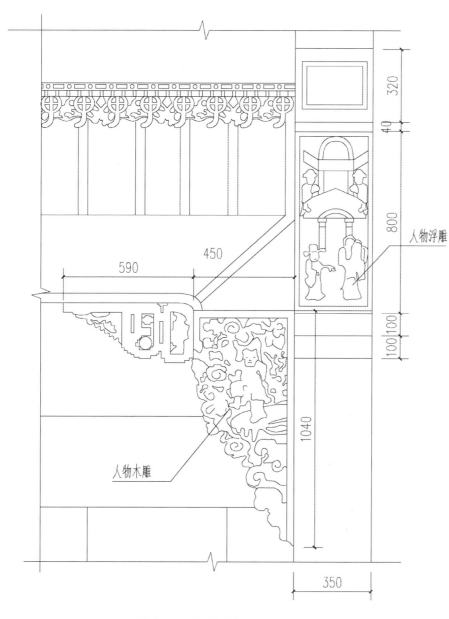

320

40

800

人物浮雕

450

590

100 100

1040

人物木雕

350

湖南会馆柱头测绘图

湖南会馆柱头图像

5.3 广西三江县冠洞村鼓楼

三江县冠洞村鼓楼

鼓楼是侗族村寨里最高的建筑，彰显出阳刚之美，至今仍是村寨祭祀、议事、集会、迎宾、庆典、歌舞、娱乐的重要场所，是侗族传统文化的主要传承之地。侗族人民把价值观念、理想追求和民族精神熔铸到一座座木构建筑中，形成了独具侗族特色的文化，可称之为"鼓楼文化"，它是以侗寨鼓楼、风雨桥、戏楼、吊脚楼等民俗建筑为代表，以独特的侗族木构建筑营造技艺为灵魂，包含侗族传统习俗在内的和谐的文化体系。它属木质结构，以榫穿合，整座建筑不用一枚铁钉，几层至几十层不等，以单数居多，呈四面、六面或八面形，一般高十多米，最高者达几十米。形似宝塔，巍峨壮观，飞阁重檐，结构严谨，做工精巧，装饰细致，色彩朴质。

古建筑数字化测绘及三维展现技术实例

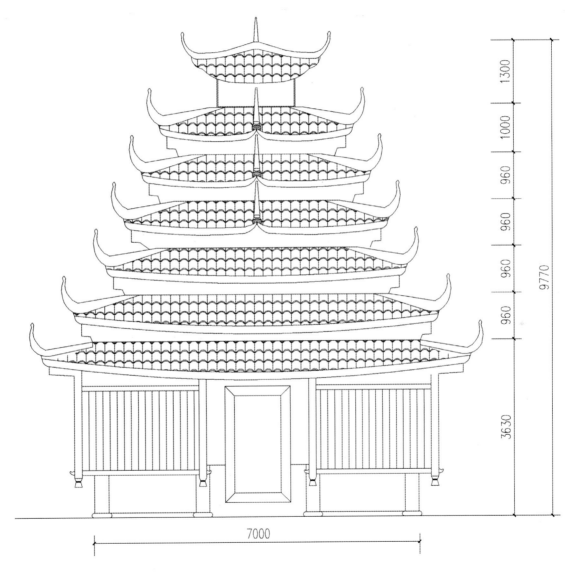

三江县冠洞村鼓楼正立面测绘图

5.4 广西贺州市黄田古戏台

贺州市黄田古戏台

黄田古戏台始建于清咸丰十一年（1861年），距今已有150余年的历史。古戏台平面呈凸字形干栏式斗栱结构，飞檐翘角，蔚为壮观。戏台曾被列入《中国戏曲志·广西卷》，被列为广西壮族自治区第六批文物保护单位。

古建筑数字化测绘及三维展现技术实例

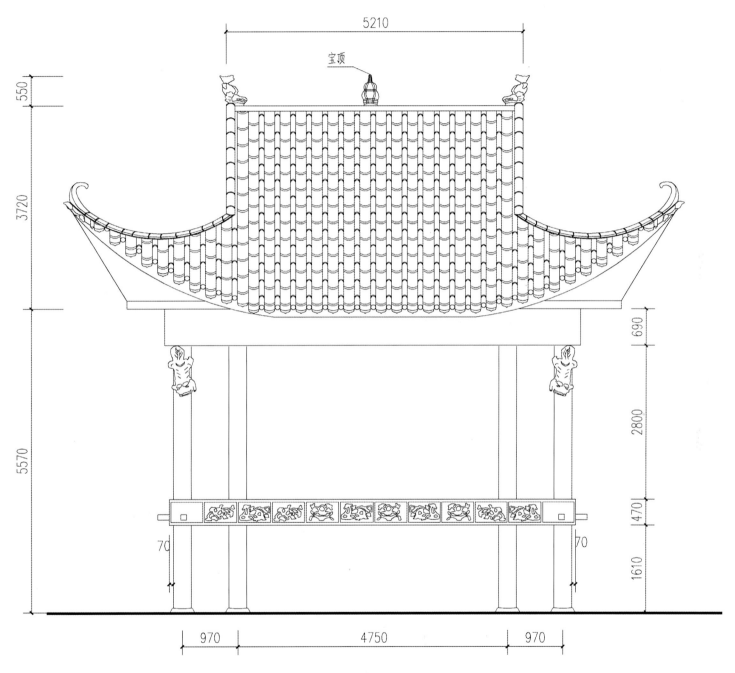

宝顶

5210

550

3720

5570

690

2800

470

1610

70

70

970

4750

970

黄田古戏台正立面测绘图

黄田古戏台侧面图像

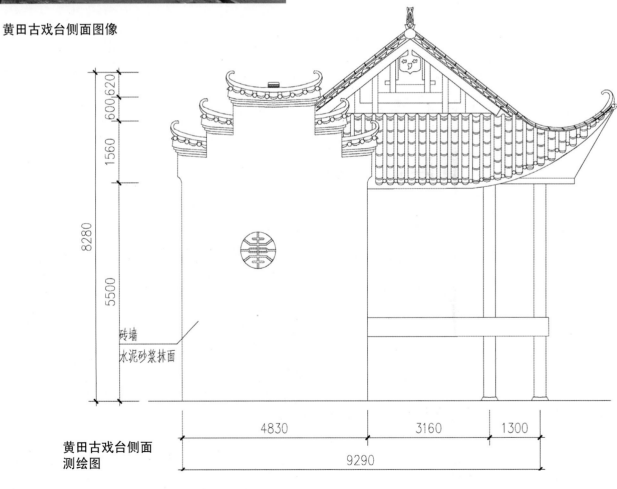

砖墙
水泥砂浆抹面

黄田古戏台侧面
测绘图

古建筑数字化测绘及三维展现技术实例

黄田古戏台侧面檐口翘脚

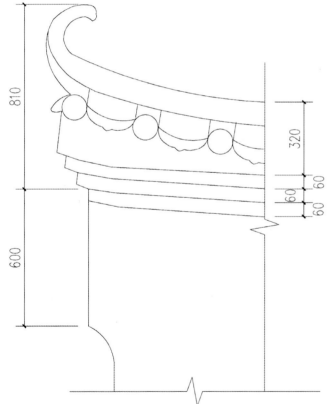

黄田古戏台侧面檐口翘脚测绘图

黄田古戏台檐口翘脚图像

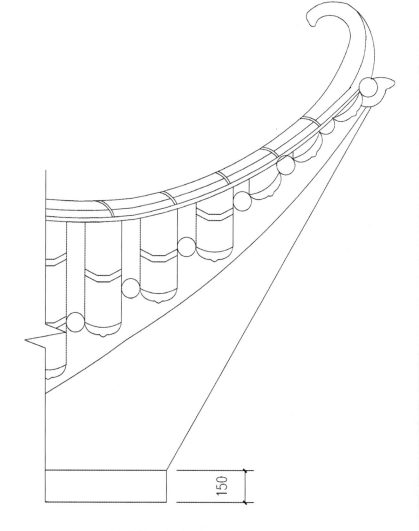

150

黄田古戏台檐口翘脚测绘图

古建筑数字化测绘及三维展现技术实例

黄田古戏台屋脊饰件图像

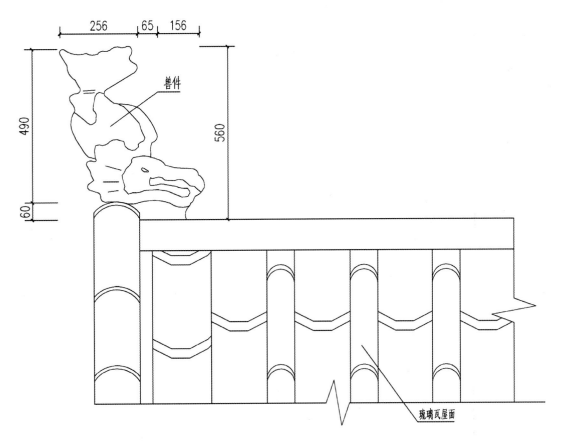

256 65 156

490

60

560

兽件

琉璃瓦屋面

黄田古戏台屋脊饰件测绘图

黄田古戏台屋脊兽件背立面图像

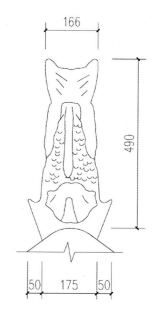

黄田古戏台屋脊兽件背立面测绘图

黄田古戏台窗花图像

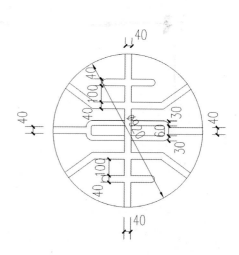

黄田古戏台窗花测绘图

　　古建筑数字化测绘及三维展现技术实例

5.5 广西桂林市西山公园大门

桂林市西山景区游客服务中心

　　西山公园位于桂林市中心，占地面积 125 万平方米，早在一千多年前的唐代，西山曾为佛门圣地，是当时南方五大禅林之一，山上建有西庆林寺（又名延龄寺、西峰寺），当时这里殿宇辉煌，星罗棋布。唐有著名的西庆林寺，亦名延龄寺、西峰寺；宋代，西山建有资庆寺、千山观，其寺庙建筑、配件样式颇具特色。

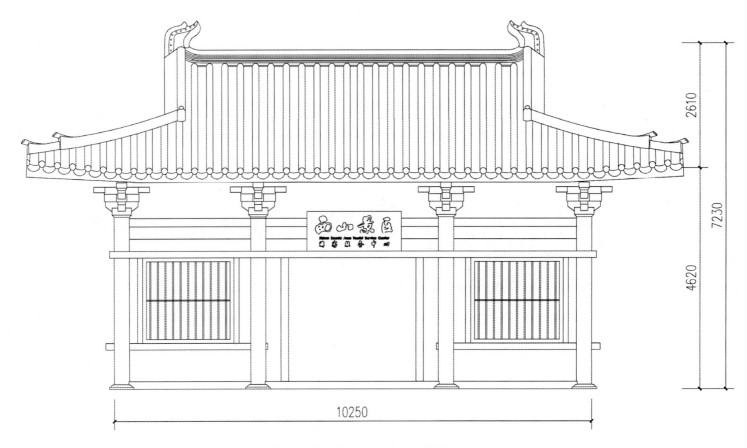

西山景区游客服务中心正立面测绘图

古建筑数字化测绘及三维展现技术实例

西山景区游客服务中心屋檐图像

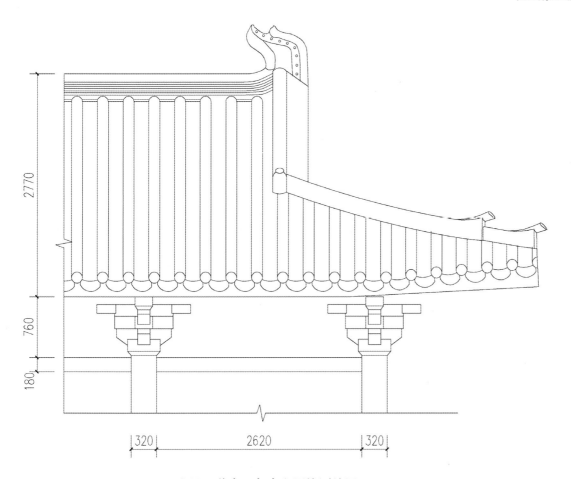

西山景区游客服务中心屋檐测绘图

第 5 章 特色建筑

西山景区游客服务中心斗栱图像

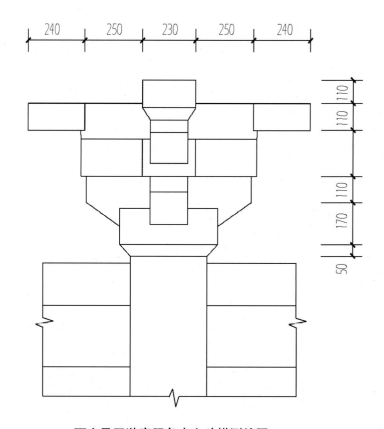

西山景区游客服务中心斗栱测绘图

古建筑数字化测绘及三维展现技术实例

西山公园拱门

　　西山公园早在一千多年前的唐代便成为旅游胜地，是桂林最早被开发的旅游景区。景区由西山群峰、西湖及隐山组成，里面群峰环绕耸立，西湖、桃花江相映带，形成山重水复的奇景。每近黄昏，夕阳斜挂山峰，云林变幻、金光万道、紫气蒸腾，是为脍炙人口的桂林老八景之"西峰夕照"。

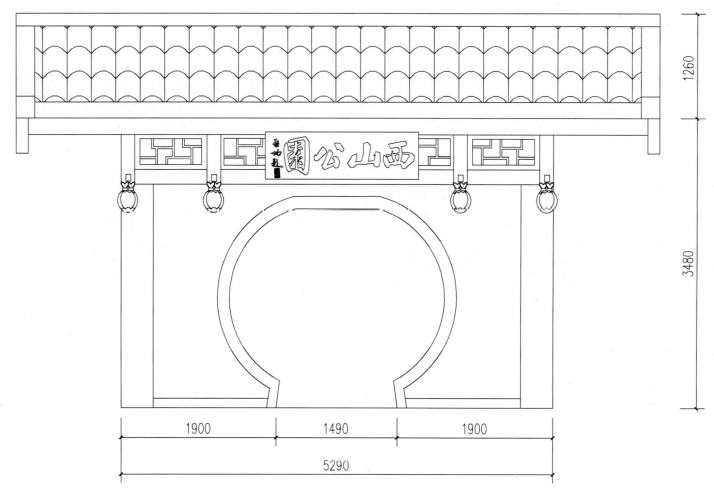

西山公园拱门测绘图

古建筑数字化测绘及三维展现技术实例

西山公园正门屋檐图像

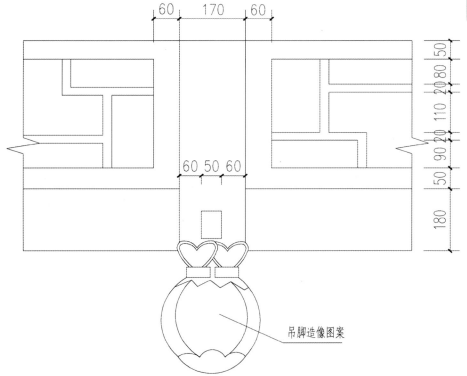

吊脚造像图案

西山公园正门屋檐测绘图

5.6 广西桂林市七星公园月牙楼

桂林市七星公园月牙楼

　　月牙楼是桂林名楼，它坐落在月牙山的玉衡峰北麓。楼有 3 层，主楼长 31 米，深 13 米，总面积近 1200 平方米。楼后有架空的走廊与后山凉亭相通。整个建筑由楼、亭、廊组成，飞檐敞阁，错落有致，古色古香，与自然环境紧密结合。登楼可以观览普陀山、博望亭、普陀精舍、花桥、展览馆以及远山近景，"月牙楼"三字是 1963 年郭沫若就餐时题写。郭沫若还题诗赞美曰："月牙楼是画廊楼，八面奇峰豁远眸。毋怪楼中无一画，画图难及自然优"。

古建筑数字化测绘及三维展现技术实例

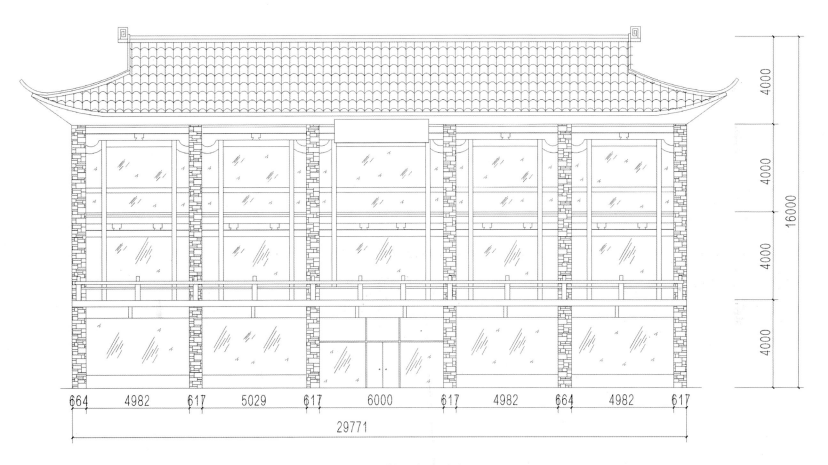

七星公园月牙楼正立面测绘图

第 6 章 古牌坊及王陵

6.1 安徽绩溪县瀛洲镇龙川牌坊

绩溪县瀛洲镇龙川古牌坊

这座牌坊是为明朝副都御使胡宗明而立。都宪坊最上方是"圣旨"二字，在牌坊等级中属于第三等。为抗风雨保存永久，多采用一固二透的防范措施，用抱石鼓或石狮夹持柱子。这里石柱两侧使用的是倒爬狮，这两头狮子前爪朝下，公狮子脚踏彩球，寓意为国泰民安，母狮爪下有只小狮子，寓意为千秋万代。既精致又增加牌坊的稳定性，使柱子更稳固。梁坊两头用雀替来增加抗压强度，这是"固"，牌坊上部装饰多采用透雕方式通透泄风，减轻负荷。这些精美的雕刻，使合理结构和美观造型协调统一，这是"透"。圣旨下方是"都宪坊"。"坊"，指牌坊，起楼的称牌楼，是一种门洞式的纪念性建筑物，以标榜功德，宣扬礼教，多用木、砖、石等材料建筑。

古建筑数字化测绘及三维展现技术实例

绩溪县瀛洲镇龙川古牌坊现场采集图像

技术说明：采用本技术进行建筑数字化测绘时，首先利用数码相机对古建筑进行现场图像数据采集，拍摄时需要加入高精度标定的标识板，作为计算机智能推算建筑结构尺寸的依据。实施方法见发明专利"一种基于图像的特色建筑立面图测绘方法"（ZL201310201900.8）

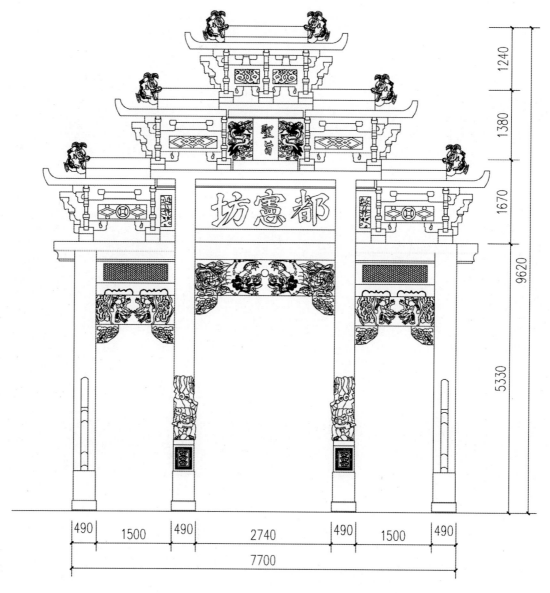

绩溪县瀛洲镇龙川牌坊立面测绘图

　　古建筑数字化测绘及三维展现技术实例

瀛洲镇龙川牌坊顶部饰件图像

兽形

檩檐枋

雕刻窗花

斗栱

檐椽

瀛洲镇龙川牌坊顶部饰件测绘图

6.2 广西灌阳县文市镇月岭村古牌坊

灌阳县文市镇月岭村古牌坊

灌阳文市月岭村古牌坊，位于灌阳县文市镇月岭村，是该村唐景涛于清道光十四至十九年（1834年-1839年），奉旨为一生守节的母亲史氏所建，又称"孝义可风"牌楼。牌楼为三间四柱三楼青石结构，坐北朝南，面阔11.1米，通高10.2米。中间两根方形石柱高5.4米，夹杆石为须弥座式样，四柱两侧均有抱鼓石护柱，使高架凌空的石坊显得浑厚凝重。明间宽3米，下额枋距地面3米，与众不同的是，明间有三条额枋，下额枋正背面均透雕一对形态各异的"麒麟献瑞"。下额枋与中额枋之间有石匾，正面记载史氏节孝轶事，背面记载史氏生平简历。中额枋两面透雕"双龙戏珠"。中额枋与上额枋之间的石匾正背面各书"孝义可风""艰贞足式"。上额枋透雕"八仙""八宝"图案。上额枋之上有龙门坊，刻有四层莲花宝座。龙门坊上有四组斜撑支撑庑殿顶，将正楼分成三间，两边为花板，中间嵌石匾，匾的左右及上方镂雕五条龙，上方正中一龙头张口吐舌，匾中直书"皇恩旌表"，有皇帝开金口恩赐遵守封建礼教之人修造牌坊之意；上部为单檐庑殿顶，殿顶筒瓦分垄，勾头，滴水，檐板底部雕有重椽，正脊两端各一倒立鳌鱼正吻，脊中为三层八方玲珑塔。石坊构思巧妙，造型庄重，雕刻精美，浑然一体，具有浓郁的地方特色，是研究桂林地区石刻牌坊艺术的珍贵实物资料，具有较高的历史和艺术价值。

古建筑数字化测绘及三维展现技术实例

灌阳县文市镇月岭村古牌坊现场采集图像

扫一扫
观看三维场景

第 6 章 古牌坊及王陵

灌阳县文市镇月岭村古牌坊立面测绘图

扫一扫
观看三维模型

古建筑数字化测绘及三维展现技术实例

月岭村古牌坊顶部图像

月岭村古牌坊顶部测绘图

第 6 章 古牌坊及王陵

月岭村古牌坊左侧面图像

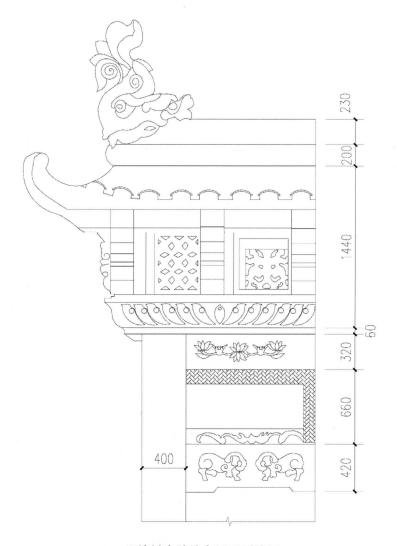

月岭村古牌坊左侧面测绘图

古建筑数字化测绘及三维展现技术实例

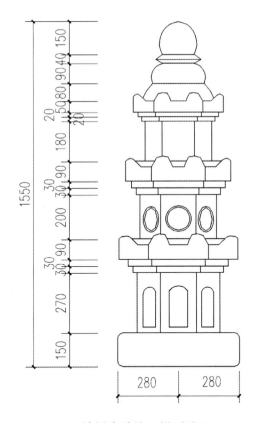

月岭村古牌坊顶塔测绘图

月岭村古牌坊顶塔图像

第6章 古牌坊及王陵

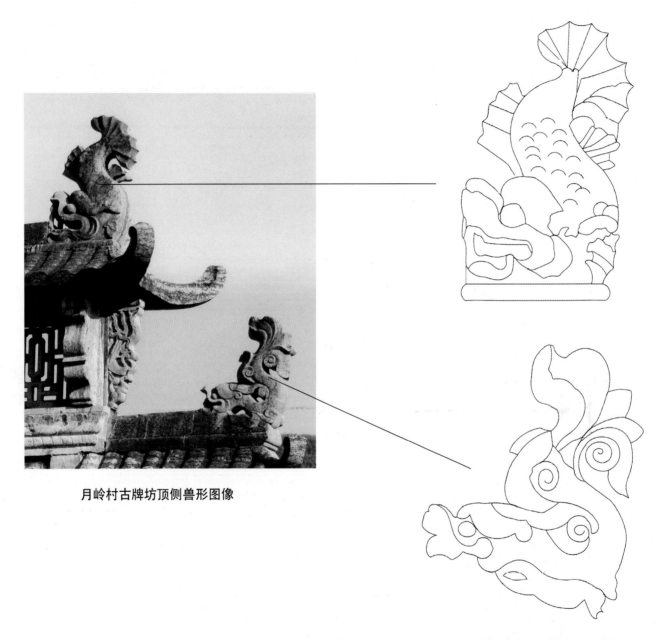

月岭村古牌坊顶侧兽形图像

月岭村古牌坊顶侧兽形绘制图

古建筑数字化测绘及三维展现技术实例

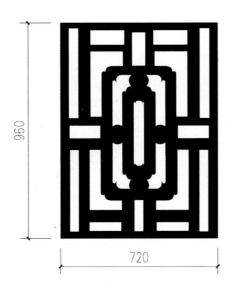

月岭村古牌坊花格窗测绘图

月岭村古牌坊檐口图像

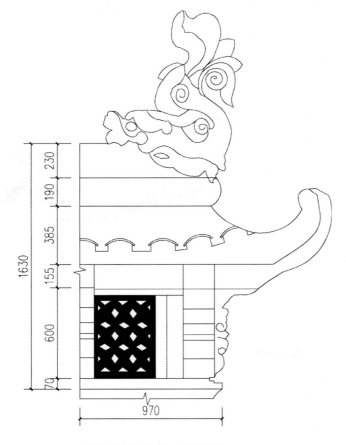

月岭村古牌坊檐口测绘图

第 6 章 古牌坊及王陵

月岭村古牌坊中部图像

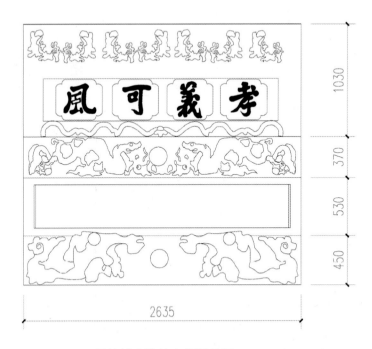

月岭村古牌坊中部测绘图

古建筑数字化测绘及三维展现技术实例

6.3 广西桂林市尧山靖江王陵

桂林市尧山靖江庄简王陵

靖江王陵是历代靖江王的王陵，位于广西桂林市区七星区东郊尧山西南麓，南北15公里，东西7公里，共有王亲藩戚墓葬300多座。整个陵园规模庞大、气势磅礴，有"北有十三皇陵，南有靖江王陵"之称，其中有11人葬尧山，有"靖江王11陵"之谓。对明代藩王及其典章制度提供了实物例证，对弘扬中华民族悠久历史文化有着重大意义。1996年被国务院公布为全国重点文物保护单位。

扫一扫
观看三维实景

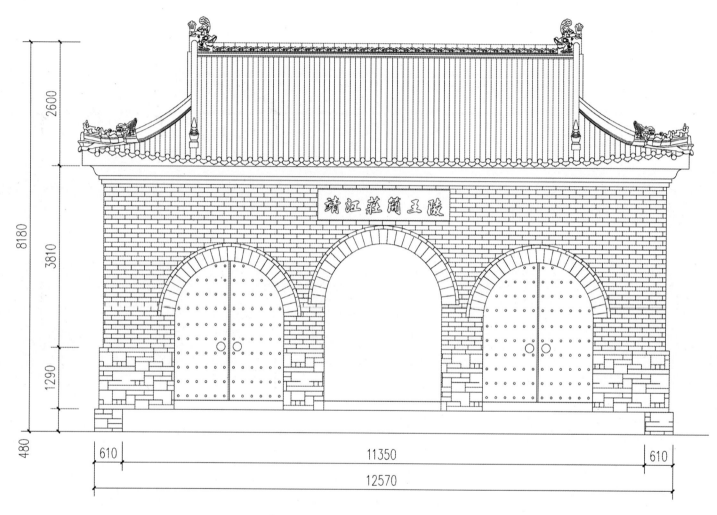

靖江庄简王陵大门立面测绘图

扫一扫
观看三维模型

古建筑数字化测绘及三维展现技术实例

靖江庄简王陵屋脊饰件①图像

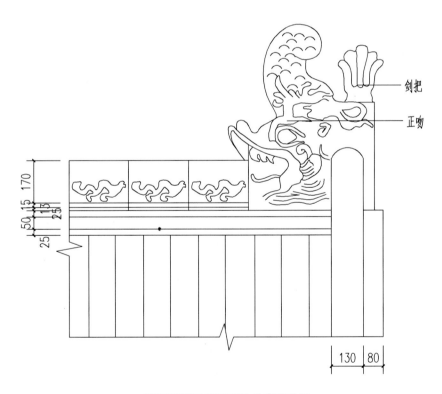

剑把

正吻

靖江庄简王陵屋脊饰件①测绘图

靖江庄简王陵屋脊饰件②图像

技术说明：由于原图像拍摄距离较远，加之天气阴暗，采集的图像数据中走兽细节图案无法分辨，故该测绘图中没有体现出走兽的细节。通常只要能拍摄到清晰的走兽图像，本技术就可以测绘出每个走兽的大样图。

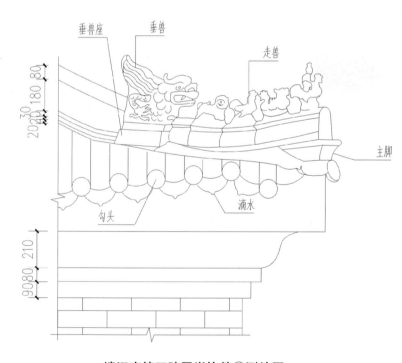

靖江庄简王陵屋脊饰件②测绘图

古建筑数字化测绘及三维展现技术实例

桂林市尧山靖江王陵裬恩殿

　　王陵建筑布局呈长方形，分为外围和内宫两大部分。中轴线上依序有陵门、中门、享殿和地宫等，其中部为"裬恩门"，"裬恩门"前的神道两侧立有石像、石兽，雕琢粗犷，造型生动。走过"裬恩门"，是一幢单檐歇山式建筑，绿色琉璃瓦覆顶，雕梁画栋，长格木门，富丽堂皇的"裬恩殿"，背靠陵冢，反映了明代王陵布局特点。

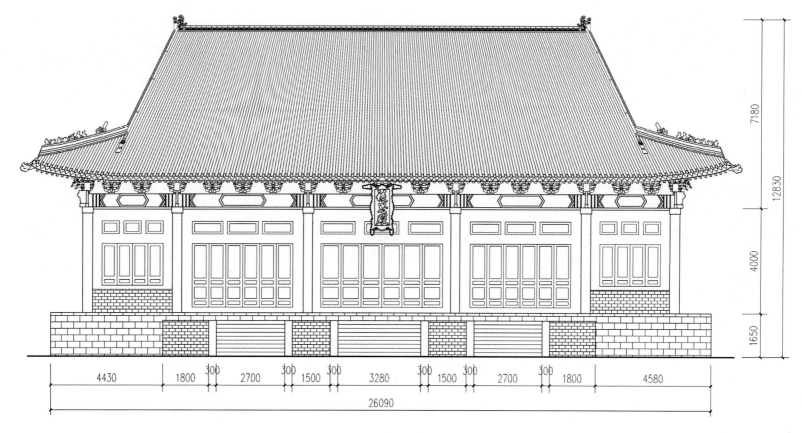

靖江王陵裬恩殿测绘图

技术说明：由于飞檐上的走兽没有近距离拍摄，图像中走兽图案无法分辨，计算机无法测绘出走兽的细节。通常只要能拍摄到清晰的走兽图像，本技术就可以测绘出每个走兽的大样图。

靖江王陵棱恩殿飞檐图像

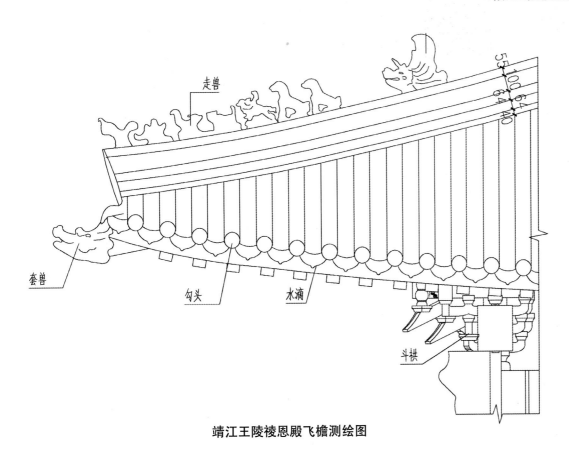

靖江王陵棱恩殿飞檐测绘图

第 6 章 古牌坊及王陵

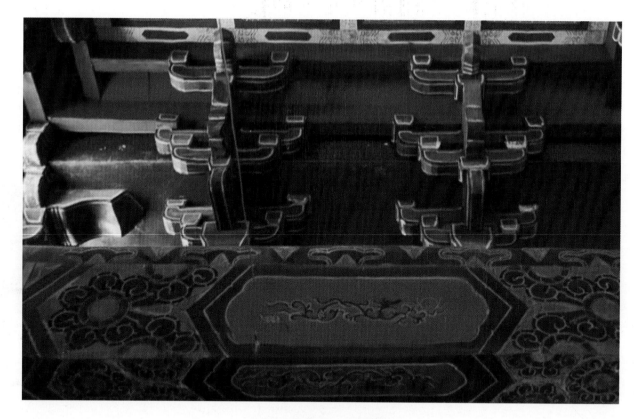

靖江王陵棱恩殿斗栱图像

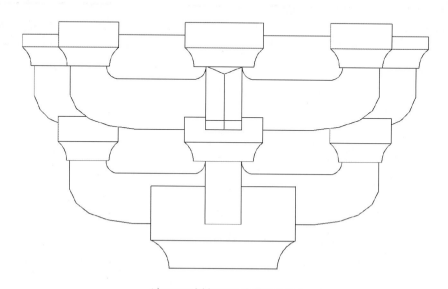

靖江王陵棱恩殿斗栱绘制图

　　　　　　古建筑数字化测绘及三维展现技术实例

6.4 广西贺州市钟山县玉坡村恩荣石牌坊

钟山县玉坡村恩荣石牌坊

石牌坊上"恩荣"二字数字化拓片

　　贺州市钟山县玉坡村恩荣石牌坊，位于燕塘乡玉坡村。清乾隆十七年 (1752 年) 廖世德 (号枣林) 为纪念其祖廖肃而建。牌坊宽 6.2 米，通高 6.9 米，四柱三间五楼庑殿顶青石牌坊，榫卯结构，柱立于石基座上，前后均抱鼓石，中柱正面抱鼓石上镂雕石狮。明间正楼庑殿顶正脊两端饰反尾上翘鱼形鸱吻，正中为宝葫芦顶，四斗栱间为透雕花窗。横枋下正中额枋竖刻楷书"恩荣"二字，花抬枋及枋间石板枋浮雕双龙戏珠、双狮戏球、骑马出行图，卷草纹或铭刻文字，刻工精致。2000 年 7 月被列为广西壮族自治区重点文物保护单位。

贺州市钟山县玉坡村恩荣石牌坊背面

世澤綿長
光前裕後

牌坊石刻题字数字化拓片

扫一扫观看三维模型

古建筑数字化测绘及三维展现技术实例

附录 古村落三维全景展示

附录 1 广西贺州市富川县福溪村

富川福溪村景区位于广西贺州市富川瑶族自治县朝东镇境内，距贺州市 100 公里。富川福溪村的文化底蕴十分丰厚，有宋代理学鼻祖周敦颐的讲学堂及其后裔居住的民居，诸多的建筑、石雕、石艺之中均可反映出宋代文化与传统工艺的特征。有雕梁画栋的宗族门楼十三座，有古香古色的古代民宅一批，同时还有古戏台、古书堂、青石街、古碑刻等文物古迹，村中马殷庙已列为全国重点文物保护单位。

扫一扫观看三维全景

附录2　广西贺州市富川县秀水状元村

　　富川秀水瑶族"状元村"，位于广西富川县朝东镇境内，距县城30公里。在通往湖南江永县桃川镇与广西恭城县的富桃公路边。据查证，自唐、宋、元、明、清以来，在县志记载的133名富川历代科举进士名录中仅秀水状元村就占了27名，其中就有宋开禧元年乙丑状元 ——毛自知，因而，又有"状元村"之美称，村内有状元楼、古戏台、古牌坊、古泉池、古照壁等景观；有历朝历代皇帝赐封和官府贺赠的各式古牌匾，和唐、宋、元、明、清古民居建筑群以及古建门楼等古迹，因而又享有"宋元明清古建筑露天博物馆"之称。

扫一扫观看三维全景

附录 3 广西贺州市钟山县荷塘村

钟山荷塘村位于钟山县城西北 18 公里，国道 323 线及桂梧高速公路旁，面积约 36 平方公里。景区内分布泥盆系石灰岩，系下古生代碳酸盐沉积。风景区内最高点为皇冠山，主峰约海拔 450 米，最低处为公婆山水库底，地势呈东高西北低，景区内属中亚热带湿润季风区，其特点为光热丰富，雨量充沛，温凉适度，寒暑适宜，夏长冬短，季节分明，夏涝秋旱，雨水不均，春迟秋早。

扫一扫观看三维全景

附录4 广西贺州市钟山县荷塘村正射图像

　　本技术通过航拍摄像，不仅可以制作古村落的三维立体全景图像，还可以实现古村落真实场景地形的三维建模，经过处理后能够生成地形正射图像。使用正射图像可测量实际距离，为城乡规划、建筑设计提供准确的地形参数。

后 记

经过课题组全体成员的共同努力，《古建筑数字化测绘及三维展现技术实例》一书撰写完成，现印刷出版。

自 2012 年 3 月开始，由桂林大容文化科技有限公司、桂林电子科技大学牵头，与哈尔滨工业大学深圳研究院、桂林文物工作队组成了产、学、研、用紧密结合的基于数字图像的古建筑测绘技术研发团队。课题组成员历时 10 个多月，行程近万公里，携带数码相机和 GPS 定位设备，深入桂北、江西、湖南、安徽等各地的古村寨，对具有代表性的传统特色建筑进行现场数码拍摄，多角度全方位采集古建筑立面及配件的原始图像数据，获取古建筑高清数字图像数千张，充分记录和保留了传统特色建筑的原貌，为基于图像的建筑测绘技术的研究和开发提供了第一手资料。历经五年多的理论研究和技术攻关，课题组先后开发出基于图像的建筑立面及配件测量技术、建筑大场景三维逆向建模以及全景展示技术。利用计算机设备及先进的图像智能处理算法，自动计算出古建筑立面及配件的物理尺寸参数，并转化为标准数据导入 CAD 软件中，实现建筑立面及配件几何尺寸和细节图案的精确测绘，保证了图集中立面及配件构造的真实性和尺寸的准确性。相关技术获得了国家发明专利授权。

本书中采用的建筑图像、建筑立面及配件测绘，以及建筑三维数字化模型和全景展示技术实例，由桂林大容文化科技有限公司、桂林电子科技大学科和哈尔滨工业大学深圳研究院组成的科研团队完成；本书中的 CAD 绘图工作由中物联规划设计研究院有限公司完成。

本书的撰写和图集的编纂，得到了桂林文物局和桂林文物保护与考古研究院等有关专家的大力支持。特别感谢原桂林市建设与规划委员会主任、桂林电子科技大学副校长、桂林书法家协会主席黄家城教授为本书撰写序言。感谢中国建筑工业出版社领导和编辑的细致校对；感谢课题组成员的辛勤工作。在此，我们向为本书出版发行提供支持帮助的单位和个人表示衷心的感谢。由于课题组成员以信息技术人才为主，本书的撰写和编纂是一项全新的工作，但我们对古建筑文化和工艺的了解水平有限，不足之处在所难免。本书旨在通过展示计算机图像技术在建筑测绘中的一些案例，希望能为建筑单位及设计人员提供一种便捷、高效、低成本的高科技测绘手段。敬请各界同仁、建筑专家和读者们批评指正。

古建筑数字化测绘及三维展现技术课题组

2017 年 1 月